天啊！我把薪水變多了

從優秀到卓越的秘密！

原書名：誰決定你的薪水？

高紹軒◎編著

前言

薪水到底由哪些因素決定，自己又有多大的主動權？

金融危機來襲之時，驚恐、無措、焦慮乃至絕望緊緊攫住我們的神經，危機感層層蔓延，深深紮根。每個員工都害怕突然有一天，老闆遞給你一份解雇書，從此淪落進失業大軍，為了找份糊口養家的工作而奔波忙碌。

也許你會毫不在意地說：「反正我也不喜歡現在的工作。」也許你認為在這份工作中找不到絲毫的樂趣，也沒有什麼發展空間，那為什麼你還會待在這個職位呢？因為你只是把它當作一個謀生手段吧！

其實誰都害怕被炒魷魚。不要總以為經濟危機離我們很遙遠，當危機在國內爆發之後，許多企業不是選擇裁員，就是在來勢洶洶的危機狂潮下倒閉。沒人擁有特殊的保護傘，讓自己不受一丁點影響。

在這樣不景氣的情況下，身為員工的我們還敢奢望加薪嗎？我們又該怎麼做，才能贏取老闆青睞的眼光，使自己立於一片不敗之地呢？

也許，你是抱著「拿多少錢，做多少事」的想法，認為「我們拿一百元的錢，就應該做一百元的事」是理所當然的，或是對自己所獲薪酬不滿，而失去了努力工作、積極進取的動力，但你有沒有想過，其實我們這些員工是企業最大的資產，也是最寶貴的財富資源，優秀的員工是企業不斷發展乃至走向卓越的根本保證。

「人才是利潤最高的商品，能夠經營好人才的企業才是最後的大贏家。」聯想集團總裁的柳傳志這樣認為。

松下幸之助的觀點是：「首先是創造優秀員工，然後是製造電器。」

通用電氣公司前董事長威爾許認為，商業其實就是由最優秀員工組成的團隊之間的角鬥場。他說：「公司一般都是由20%的優秀員工主導的，這20%的員工影響著另外80%的員工，決定著一個公司的經營效率。」

豐田不僅全球聞名，而且生產效率也特別地高，原因就在於它培育出了最強大的員工群。

比爾．蓋茲也認為：「把我們頂級的二十個人才挖走，那麼我可以告訴你，微軟會變成一個無足輕重的公司。這些人絕頂聰明，他們與公司一同成長，是他們組成了這樣一個團隊。」

公司的核心技術、開發能力與關鍵客戶的關係的鑰匙，都掌握在20%的精英手裡，老闆絕不會虧待真正卓越超凡的人才。當你滿腹委屈、感慨懷才不遇時，請你認真思考，你身上缺少些什麼公司所需要的觀念精神。這就是本書將告訴你的祕密。

永遠相信一句話，決定你薪水的不是老闆，不是企業大小，不是學歷高低，而是你自己！

CATALOGUE

CATALOGUE

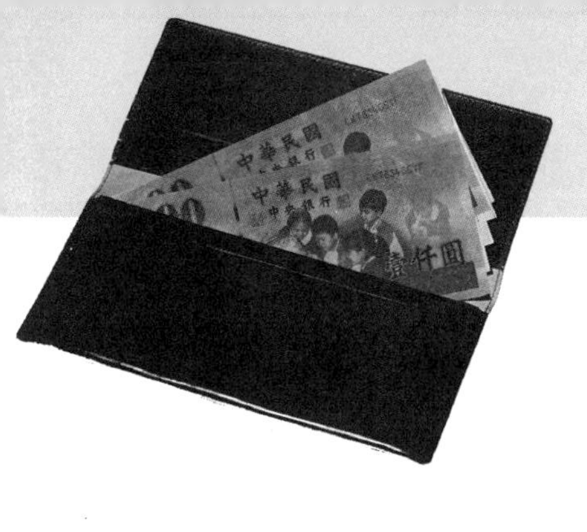

第五章 職業精神：薪水到底誰來決定 197

華民國
央銀行
CM783455V
壹仟圓

第一章

職業定位

薪水並不是工作的全部

身在職場，你會扮演不同的角色，而你知道自己現在扮演著什麼角色，這個角色發揮著什麼作用嗎？只有明確的職場定位，才能在職業生涯發展的過程中少走冤枉路。當今社會人才競爭激烈，機會轉瞬即逝，定位之後，才能根據自己的目標，抓住發展中的每一個機會，接受市場選擇，不斷提高競爭力，進而在職場發展中如魚得水，越游越順。

有一個剛取得博士學位的年輕人，他選擇了進入一家製造燃油機的企業擔任品管員，剛開始薪水非常低，甚至比不上一個一般工人，但他從沒有抱怨過，而是努力地工作，半個月後，他發現公司生產成本高，產品品質差，於是他便不遺餘力地說服老闆推行產品品質改革以佔領市場。他身邊的同事們非常地不解，甚至善意地勸他道：「老闆給你的薪水又不高，何必要這麼賣命啊？」他笑道：「我這樣就是為我自己工作，這是我的職責所在。」後來，他的建議為這個公司贏得了很大的利潤，這個年輕人被晉升為副總經理，薪水自然也翻了幾番。這位年輕人就是有著一個正確的價值觀才走向了成功，把工作當成了自己的事業一樣為之奮鬥，而不在乎在其中遇到的種種困難。今天所有成功人士看來甚是風光，他們取得的成就都是在於他們過去長期以來累積而來的。

一個人或許起點很低，但他的視野能決定他的未來有多高。不管你是處在一個怎樣的位置上，人們總說，大企業有大視野，一個企業能否做大、做強與它是否有全球般的大視野有緊密的關聯。至於員工也是一樣的，或許你是一個新人，位卑薪低，或許你的學歷不高，所以你的起點很低。但如果你就因此失望，抱著得過且過的心態，沒有任何熱情，那你可能永遠只會在這個位置上。唯有開始滿足於如今這個所處的位置，對這份工作充滿熱情、憧憬，才能一步步踏踏實實地走下去，才會有傲人的業績，以及隨之而來的可觀的薪水收入。

第1節 在職場中看準自己的位置，在社會中找準自己的職業定位

當你剛剛畢業，踏上社會的新旅程時，經過應徵，來到一個全新的環境。也許你會覺得既新鮮又迷茫；也許你來到一個全球知名的大企業，你為此感到欣喜；也許你雖然應徵到了職位，但你卻為自己的專業不能與之對口而缺乏信心……但你有沒有冷靜下來想一想，你所在的這個位置在公司中處於怎樣的地位，所處的位置不同，關注的問題不同，與你打交道的同事不同，生活的圈子也不相同，你的心態也不相同。公司是一個複雜的大格局，而每個人只是其中的一枚棋子。

如果你是酒店的一名清潔員工，就應當正確看待服務和清潔工作，在酒店的工作中，服務和清潔是不可缺少的重要工作，是服務品質的重要內容。那你的工作就是整日打掃房間、地面、牆壁、家具以及廁所，與拖把、抹布、盤子等打交道，其實專業人士就會明白，清潔是一項很專業化的工作，不但需要技巧和知識，也要有專業水準。因為它不僅包

括清潔環境，同時也有對設備的保養。如果你對此認知不夠，工作標準低、要求低，而損壞了酒店設備，造成浪費嚴重不說，也折舊過快，導致了不應有的損失。不管你處於一個怎樣的位置，都應明確自己在企業中發揮著怎樣的作用，努力讓自己的工作做到最好。

小凡是學市場行銷科系的學士，工作了兩年，可是都是在頻繁地換工作中度過的，迄今為止已在從事第三份工作了，換工作的原因多種多樣。他對當今的經濟危機就業壓力有著清楚的認識，所以他沒有像有些人一出社會就想有個高薪的好工作，但他渴望能找個與所學科系接近、讓自己感興趣的工作。在學校裡他是個優秀學生，性格開朗外向，能力也不錯，老師和同學們都看好他未來的發展。他所做的第一份工作是採購，可是他對這份工作興趣缺缺，又認為它簡單枯燥，做起來很乏味沒勁。於是，草草換到另一份圖書策劃的工作，雖然他下定決心要做好，但是他在這方面完全是個新手，從頭學起非常吃力，而且他的興趣也不在此，工作起來更力不從心。他最想做的是與人溝通類的職業，而不是策劃，最後他還是選擇放棄了，對於自己的未來，他坦言很茫然無助。

像小凡這種剛出社會就栽跟斗的年輕人並不少，造成他們這種失敗經歷的最主要原因就是沒對自己進行明確的職業定位，願意從低起點做起的品德很難得，但你必須確定自己是在走正確的道路，小凡竟然不瞭解自己適合做什麼，喜歡做什麼，也沒有這樣思考過。其實他先仔細瞭解一下自己就知道：自己的性格活躍開朗，喜歡與人溝通而且善於溝通；況且主修是市場行銷科系，很適合做市場行銷這類工作的，也正好是他的興趣。但他兩次都是隨便找了個與自己科系一點也不相關的職業。

當今市場行銷具有非常光明的前景，競爭雖然大了點，在全球一體化的世界企業迫切需要市場行銷類的人才，如果他願意吃苦、努力，或許現在已經成了優秀的人才了。但這兩年他的盲目求職經歷，消磨掉了熱情和信心，現在回歸本行業並重拾信心等於是從零開始。但他必須做出選擇，以免繼續浪費時間，能切回本行是最好的。可以找這類與他所學科系符合的工作，從低職業做起也沒關係，重要的是要認真並從上級那裡學到這兩年缺乏的經驗。透過他優秀的專業知識與實際工作經驗結合，相信工作幾年下來，就一定可以讓他的職業生涯重新走上正軌。

工作了一、兩年還只是渾渾噩噩，找不到自己的職場定位，是很可怕的。一開始就沒有目標、沒有方向定位，很可能就這樣遺憾終此一生，選擇工作並不是我們想像中找個糊口謀生手段那樣簡單，它就是我們的事業，我們的人生發展方向，是我們的夢想飛翔的起點。如果花費了時間和精力，卻做得淡然無味，又沒有成績，何不在一開始就冷靜想想自己的優缺點和興趣所在、自己適合做哪種工作等，這樣，對自己有了清楚職業定位後，工作時才會更有熱情。況且，如果找到了一個與自己興趣相符的工作，你就是無比幸運的，即使再辛苦也能苦中作樂，很有可能潛能就此打開，成為這個行業的佼佼者。

大家都聽過龜兔賽跑這個故事，但它的後續據說是這樣的：兔子不服氣，提出要與烏龜重新賽跑一次，牠決心這次一定不可輕敵，要認真地跑完全程，烏龜答應了。所有人都認為這次兔子是必定會贏的，比賽開始後，烏龜依舊像上次那樣老老實實地向前一步步爬行著。可是沒料到，到了終點後牠發現牠仍是首個到達的。原來兔子出發時太過急切，竟然連方向都弄錯了，一路上只顧狂奔也沒有發現。可憐的兔子這次雖然有一百分的認真，還是輸了比賽。

可見一開始你的個人職業定位至關重要。史蒂芬．柯維說：「在你開始攀登成功之梯時，首先要確定這部梯子靠對了地方。」

怎樣才能確定自己梯子靠對了地方呢？首先要為自己進行一個精確的定位，即對自己的自我個性和社會的綜合定位。我的性格如何？我的興趣在哪裡？我在哪方面具有優勢應該發揚？我是具有敏銳的觀察力、良好的記憶力還是思考力，哪方面具有劣勢應該避免？我是屬於膽汁質、多血質、黏液質還是抑鬱質呢？在社會大分工中我應該在哪個位置？在你對自己進行全面、系統的瞭解後，進行綜合評價，然後確定出最適合做的職業，找出在這個社會的大舞臺上你會變得精彩的角色。萬事起頭難，不要急著踏上職業之途，對自己判斷準確了再大步前進。

阿星是一家電腦銷售公司人力資源部的高級主管。一次，他招募了一批剛從大學畢業的學生，不論學歷或專業知識都是符合要求的。他讓他們先開始一個月的試用期，他們表現出的工作狀態非常地好，認真、聰明又充滿年輕人的活力。但工作一段時間後，他們的熱情漸漸消退了，轉而代之的是對未來的迷惘，開始對薪水斤斤計較，還經常抱怨工作無聊，對自己的現在、將來，他們唯一注重的是薪水。阿星是個經驗豐富的人力資源主管，他瞭解這是新人必經的一個階段，於是便與這些新人們進行了一次推心置腹的談話，建議他們先對自己這一個月來的工作進行一個心得體會總結，想想自己的得與失。在認真聽取了他們的總結報告後，阿星發現他們對工作還是認真負責的，只是對自己是否以這個為人生事業發展方向感到迷惘，也就是個人職業生涯規劃問題。阿星與他們每個人一起分析了他們的優劣勢，為他們每個人都「量身訂做」了一個短期規劃，並設定了期限。他們對自己有了更清晰的認識，開始主動積極思考自己的未來職業生涯規劃了。這期間，有人經過深思熟慮決定離開這個行業，更多的人選擇了留下，決定在這裡開始自己的職業生涯。阿星表示，初出茅廬的新人們往往會犯那些因為沒有明確的職業定位而眼高手低或糊糊塗塗地工作的問題，如果能一開始就透過這種方式給自己進行職業定位，不但可以盡早抽離出不適合的工作，而且還培養了職業興趣，提高了職業忠誠度，對他們在職場中少走冤枉路、未來的順利發展有著很好的作用。

世界五百強企業之一的柯達，每一名新進員工都要瞭解公司對自己有什麼期待，也要做根據自身的興趣與特長來進行職業生涯設計的工作。每年年初，公司必做的事情就是與員工一起設定每年的工作目標，要求每一名員工在新的一年中挑戰自己過去的目標。主管會傾聽員工談自己今年的發展計畫並一同討論，透過對員工個人發展計畫的討論，員工可以發現自己的長處與弱項，這是柯達特殊的、也是正式的發展人才的計畫，名為「員工個人發展計畫」（EDPP，Employee Development Planning Process），這是員工職業發展更加順暢的捷徑，也為柯達培養出大批優秀人才起著重要作用。

身為員工，當我們開始工作，謀生糊口固然是我們的主要目的，但不能把它看成是工作的全部。工作還意味著很多，比如是你可以從這提高、改善自我的地方，或是你獲得成就感的地方。經由工作，我們可以更瞭解自己，更明確自己的發展方向。

對一些剛加入工作的員工來說，在這裡他們脫離了原來的集體，走向了社會，一方面有了一定的收入，可以滿足自己的基本需要，另一方面又具備了向高層次發展的基礎。他們開始與顧客、與同事打交道，開始累積工作經驗，培養人際關係能力。這段時間工作的好壞，對以後，以致一生都將產生重大影響，是未來發展的基礎。

一份工作能獲得多層次的需求，並不僅僅是付出勞動，收取薪水這麼簡單，其中包括經濟的需求、社交的需求以及受尊重和自我實現的需求，自我實現需求是人類最高需求，一份你認真對待的工作，有利於開拓視野，豐富知識，增長才幹。因此，無論是什麼工作，都是一份值得珍視，必須努力做好的工作。學習需要時間，但更要靠毅力，如果你願意堅持不斷學習，就會為自己向更高層次發展打下基礎。

第2節 關注問題的不同，心態也不一樣

對於工作，有的人只關注薪水的多少，抱著「拿多少錢，做多少事」的想法。但其實對於薪水的問題，不能簡單地理解為「我們拿一百元的錢，就應該做一百元的事」。如果反過來思考一下，我們做一百元的事，是不是就只能拿一百元的錢呢？若拿一千元的錢，做了一萬元的事，那麼被加薪是當然的了。人的成功源於態度，職場中其實第一競爭的方向就是態度。知道老闆們是怎麼想的嗎？我們在企業應有開放的心態，積極參與、勇於發問，真正把自己當作企業的一分子。積極心態的好處有：激發熱情，增強創造力，獲得更多資源。福布斯曾經說過：「工作對我們而言究竟是樂趣，還是枯燥乏味的事情，其實全要看自己怎麼想，而不是看工作本身。」

有一位剛出社會的女孩，她有著高學歷，對自己要做的第一份工作懷著美好的憧憬。沒想到，來到這個富麗堂皇的大飯店，分配到她的第一份工作竟然是洗廁所！

她感到滿腹的委屈，她從小沒做過這樣卑微的工作，剛開始的時候，根本適應不了，本能地想吐、想逃離。這時，有個前輩過來指導她的工作，看到她這副樣子，他什麼都沒說，只是拿著抹布，一遍又一遍地擦拭著，直到馬桶變得光亮照人，沒有一點瑕疵。最後，他還拿起一個茶杯，在馬桶裡接了一杯水，毫不遲疑地一仰而盡。

這件事深深地震撼著她的心靈，原來這就是馬桶最高境界的乾淨，也是工作態度的最高境界。她下定了決心，就算做一輩子洗馬桶的清潔工，也要做到最出色。她以這樣的心態開始了她的人生之路。這個人就是日本原郵政大臣，野田聖子。

這就是積極心態的力量。在工作中，如果我們懷著一顆積極、熱忱的心，對待自己的工作，在平凡的職位上一樣可以化腐朽為神奇。如果你對自己的工作不滿足，就要有積極上進的心態才能突破和改變。怨天尤人、滿腹牢騷只會讓你離成功越來越遙遠，離平庸越來越近。細節決定成敗，小事反映心態，如果你對工作精益求精，那麼在什麼職位上都會發光，會得到上司的讚賞和關注，自然而然也會升職、加薪了。

人盡其才是用人的最高境界。齊桓公稱霸的時候，最功不可沒的就是宰相管仲。管仲是個足智多謀的人，早在西元前七世紀的時候，他就提出了用人的若干準則，其中有很多在現實中仍有很大的借鏡意義。如：不能委大任於氣量狹小的員工。有些員工，總把關注的眼光放在對別的優秀員工或同事的妒忌上，整天忙著找對方的碴，而忽略了自己的工作。三國時的周瑜，是一位優秀機智的將才，可惜妒忌心太重，被諸葛亮氣得一命嗚呼了，多可惜呀！

老闆們都認為，有抱負的員工能幫公司成就大業。有些人急功近利，只顧眼前，缺少一種對未來的把握和規劃能力，這種人是不可能受老闆青睞的。只有目光遠大，對自己的發展有一個明確的定位，才是老闆們的最佳選擇。

相反地，消極的心態對我們有什麼壞處呢？它會導致：喪失機會，限制潛能發揮，消耗精力。而且，也沒有人會願意幫助一個整天只會抱怨，而沒有能力的人。消極的心態將導致你在職場會越來越孤立。

那麼，一個企業員工，尤其是新進員工，我們應具有什麼樣正確的心態呢？

第一，我必定能夠成功。很多員工有過這樣的擔心和疑慮：我能做好嗎？我可以嗎？我能勝任嗎？但你應記住：保持自信的心態對我們是非常重要的，一個人最大的敵人就是自己，蕭伯納有句名言：「有自信心的人，可以化渺小為偉大，化平庸為神奇。」一個人沒有自信，哪怕他有十分的能力，說不定也只能發揮五分；而一個充滿自信的人，即使只有六分的能力，完全發揮出來就已經勝過他人。

第二，勇於承擔責任，具有團隊精神，善於學習，有向心力，瞭解企業與他人的需要。專家對全球百大企業進行調查，發現他們在用人時考慮的不僅僅是能力，而更多地放在以上這幾個方面。

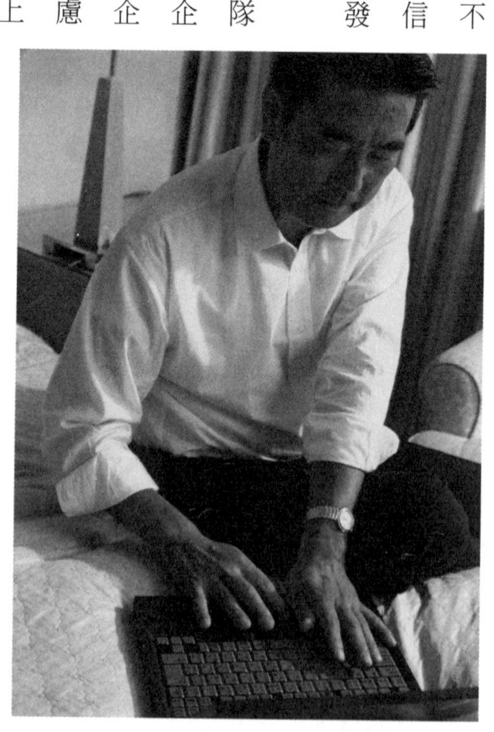

第三，過去不等於未來。不要因為你的高學歷，就自認為是天之驕子。過去再成功，也已經是過去式了，不代表你在未來就一定成功；同樣，過去失敗，也不用妄自菲薄，這並不表示你將來不會成功。

第四，我確定我準備好了。我準備好要把這份工作當成我的事業一樣努力，我準備好要成為一名優秀的員工，我準備好讓自己的能力融入到這個公司中釋放出自己的光和熱，我準備好承擔起自己的責任，我準備好為公司創造出利益，我準備好在工作中投入我的最大努力。接受明天任何未知的挑戰，永遠別以新人的姿態自居，那你就永遠不是弱者了。

消極心態的人眼睛只會盯著自己，他們無論在怎樣的工作環境中，都能找到讓他們看不順眼的地方，牢騷滿腹，怨天尤人，不僅自己難過，還讓周圍的人無比厭煩。早上一出門，就怨公車太擠，人們的素質太低等，回到公司就開始絮絮叨叨了；剛坐下又批評公司太小氣，不配備一張好的桌椅和電腦等；好不容易開始工作了，就埋怨上級給的任務太難，懷疑他是故意為難自己。總之，世上沒一件事能讓他們稱心如意的。

美國成功學學者拿破崙．希爾關於心態的意義曾說過這樣一段話：「人與人之間只有很小的差異，但是這種很小的差異卻造成了巨大的差異！很小的差異就是所具備的心態是積極的還是消極的，巨大的差異就是成功和失敗。」積極的心態是成功的起點，消極的心態是失敗的開端。

美國賓州大學的塞利格曼教授曾對人類的消極心態做過深入的研究，他指出：消極心態會衍生出三種特別模式，分別是：

（1）**永遠長存**——即一直銘記遇到過的一次困難，成為心靈上揮之不去的陰影，等於永遠保持心靈上的挫敗感，進而相信自己是一事無成的。

（2）**無所不在**——是指不僅銘記遇到過的困難，而且把它無限複製到生活的各個方面，認為自己無一是處，無一擅長。

（3）**問題在我**——這是一種懦弱逃避的方式，即把一次失敗經歷反覆提醒自己，於是一味自嘲自貶，而無心做任何事情。

可見，消極心態是多麼可怕，它是束縛你潛能和熱情的兇手。你選擇了消極心態，就等於是拒絕了世界。

第3節 不要只為薪水而做，眼光寬廣方能顯示出你的與眾不同

有三個犯人要被關進監獄三年，在失去自由前，監獄長表示要答應他們三個人一人一個要求。

第一個是美國人，他的最愛是雪茄，他要求要三大箱的雪茄。

第二個是瀟灑風流的法國人，他要求有一個美麗的女子陪伴他度過這三年寂寞的生活。

第三個是精明的猶太人，他要求有一個能與外界聯繫的電話。

他們的要求都被答應了，三年過後，美國人衝了出來，手上抓著一大堆雪茄，大叫：「給我火！給我火！」原來他忘了要打火機，這三年的日子他就在嗅雪茄的味道中過去的。

接下來，法國人也出來了，他抱著一個孩子，那名女子牽著一個孩子出來，這是他們這三年來的愛情結晶。

最後出來的是猶太人，他滿面春風，一見到監獄長就感激地緊緊握住他的手說：「感謝你三年前送我的那個電話，這三年來我日日與外界聯絡，我的生意不僅沒有停頓，反而增長了200%，為了表示感謝，我送你一輛勞斯萊斯！」

從這個故事可以看出，三個同樣都是要進監獄的人，但三個不同的選擇決定了他們三個在獄中的日子如何度過，還影響到了他們的未來。前兩個人都把眼光放在享受，我們不也一樣嗎？今天的生活是由過去自己的某個抉擇決定的，未來則是由今天的所作所為創造出來的。所以我們只有去接觸最新的資訊，瞭解最新的趨勢，才能創造出屬於自己的最好的未來。

有人說過：「薪水是工作的一種報償方式，雖然是最直接的一種，但也是最短視的。」美國通用電器前首席執行長傑克．威爾許說過這樣一段話：「我的員工中最可悲也最可憐的一種人，就是那些只想獲得薪水，而對其他一無所知的人。」如果你只把工作當作一件差事，或者只把目光停留在工作本身，那麼不管是否從事你最喜歡的工作，你都不可能對工作保持熱情。但如果你是把工作當作一項事業來看待，情況就會完全不同了。把工作等同於事業，意味著在工作中任何事都要執著追求、力求完美；把工作只當作工作，意味著那是出於無奈、不得已而為之，他們在工作中只有痛苦、抱怨和不滿。

有一次，麥當勞的創始人雷·克羅克在為學生做演講，他對所有的學生問了這麼一個問題：「誰知道我們是做什麼的？」在場所有的學生都回答：「做速食。」有一個麥當勞優秀員工卻給了所有人一個意想不到的答案，他說：「我的職業是做速食，可是我的事業是做地產生意。我們最大的資產不是速食給我們帶來的利潤，而是速食帶來的麥當勞地產保值增值！」這就是一名優秀員工的眼光，他把職業當成心目中的事業來經營。

有這樣一個故事：有個窮人，衣不蔽體，食不果腹。恰巧有個富人經過看到了，起了憐憫之心，決定幫這個窮人致富。他給了窮人一頭牛，囑咐他先開墾荒地，等到春天來了再播種，經過春、夏的耕種後，到了秋天就可以收穫了。窮人非常高興，他認為他擺脫「窮」這個字的時機終於到了，富人走後他就開始奮鬥了。誰知道這樣過了幾天，他覺得要開荒養牛，日子會過得更艱辛，想想與其這樣辛苦，不如找一個更容易賺錢的機會，他把牛賣了，買了幾隻羊，覺得這樣羊生小羊，那就能賺更多的錢，養了幾天後，他想想自己這麼勤勞，應該獎賞一下自己吧！已經這麼久沒開葷了，於是他殺了一隻小羊。羊肉的滋味果然很鮮美，讓他忍不住又殺了幾隻。他想這樣下去可不行，於是他轉念一想，何不改為養雞呢？雞生蛋的速度可快得多了。於是他賣了羊，改為養雞，可是養雞的日子也很艱辛，他犒勞自己又殺了幾隻雞，為了讓自己生活水準提高，他不斷地殺雞，最後只剩一隻了，他覺得致富的理想瓦解了，一隻雞能起什麼作用呢？他殺了最後一隻雞。當後來那個富人興沖沖地趕過來看這位窮人朋友過得怎樣時，他吃驚地發現窮人還是那樣，牛沒了，依舊是窮困潦倒，食不果腹。富人失望地走了，再也沒有回來。

這是這個窮人的悲哀，他只顧著吃飽喝足暫時的愉悅，滿足於現狀，放棄對未來目標的追求，停下了前進的腳步，看不到堅持下去的美好未來。

我們很多人都像那個窮人，總是把眼光看得太近，而且太容易滿足。就像麻雀只能在低空盤旋，而蒼鷹就可以在藍天翱翔。因為牠們展翅高飛，義無反顧，不管路途有多遙遠，不管遭遇多少困難，都不會偏離航向，一直奮力往前飛，直到目的地。一位香港著名推銷商馮兩努說過：「世界會向那些有目標和遠見的人讓路。」

成功人士的眼光都是超前的，而一般人太計較眼前得失，可能就會失去很多機會。一般員工的眼睛往往只會緊盯在薪水上，而看不到這以外的東西。雖然任何人都離不開金錢，在職場上的人都不能不考慮薪水，但一心只執著於金錢的人，斤斤計較，絕不會想多做一點。一旦薪水不在他們的理想狀態，就會敷衍了事。

在生活中，我們大部分的時間是和工作連在一起，所以一定要學會好好投資到工作中。如陳天橋，「三十而立」就憑藉著盛大網路公司而登上了二〇〇四年胡潤IT富豪榜的榜首，人們開始對他人生中很多重大選擇總是看不懂，還認為他放棄了很多好機會，大為可惜。如做為上海的高材生他選擇進入了國企，而不是報酬更優越的外商，但他二十四歲就成了陸家嘴集團的總經理助理，在國企擔任要職的經歷卻培養出他的成熟穩重和運籌帷幄的能力，為他後來創立遊戲網站等提供了珍貴的經驗，為他未來的成功鋪好了一條路。

許多管理學家得出這樣的結論：一般的員工和最好的員工的差別也許就在於，是為了大的人生目標而工作，還是為了眼前小小的利益而工作。工作固然是為了生計，但是比生計更可貴的，就是在工作中充分挖掘自己的潛能，發揮自己的才幹，做能超越自己，證明自己價值的事情。薪水僅僅是工作報酬的一部分，除了薪水，還有良好的訓練、珍貴的經驗、才能的培養等等。要選擇一種更好的人生，眼光不能太短淺，否則就無法走出平庸的生活模式了。

有一所教堂正在興建，三位敲石工人正辛苦地忙碌著，這時，一個人走了過來，分別問他們三個人同一個問題：「請問你在做什麼？」

第一個人沒好氣地說：「沒看到我正在敲這些石頭嗎？我真是倒楣透頂了，居然要做這樣的工作，這些石頭堅硬無比，把我的手敲得痠痛死了。」

第二個人嘆了口氣說：「還不是為了一家的溫飽，不然我怎麼會這麼辛苦做這樣的工作呢？每天都要敲碎這麼多石頭，真難熬啊！」

第三個人眼睛發出了光亮開心地說：「我在參與一所美麗宏偉的大教堂的建立，建成之後，會有無數的人來這裡做禮拜，接受上帝的教誨，感受上帝的關愛。沒想到我有機會能做如此美好的工作，讓我興奮不已。」

這就是眼光不同，所看到的事物也不同。第一個工人透過他的工作只看得到痛苦、不滿，他眼中沒有任何希望，全是絕望；而第二個工人透過他的工作看到的是一家人的溫飽，是不可避免的勞碌，他只為無奈的生活而工作；第三個人，他透過工作竟能看到這看似勞累工作的意義和未來，他的心中充滿了愉悅和快樂，這樣的人把工作當成了一種享受。

IBM中國公司注意到，把本土人才輪值派送到國外對培養領導力十分有效，因為透過在國外學習和工作的經驗，能使他們眼界變得更寬廣。他們既瞭解本土文化、商業環境、市場動態，又接受了其他國家和地區的文化薰陶，更加具備全球思維和意識，成為全球化人才。這種人才將是企業迫切需要的。因為這種人才的經驗更豐富、眼光更寬廣，他把目光是投向全世界的。不管你是遼闊藍天上飛行的小麻雀還是喜鵲，都要要求自己具備蒼鷹一樣銳利寬廣的視野，才能在職場立於不敗之地。

薪水只是工作的目的之一，你一定能在工作中發現比薪水更重要的東西，如果僅僅是為了薪水而工作，那就無異於一葉障目了。工作除了滿足個人的生活資源需求，更是一種自我發展和提升的社會活動。只為薪水奮鬥，工作就會變得平庸，視野因而被封閉住。在薪水範圍之外，努力工作，發現自己可能具有的戰略眼光、組織眼光、經濟眼光和商業眼光等，並相對確定為之努力的目的和目標，這樣才有希望最終成為一個事業和生活的成功者。

第4節 遠大的理想需要與踏踏實實的工作結合

很久以前，有兩個飢餓的人得到一位長者的恩賜，一簍鮮活碩大的魚和一根魚竿魚餌。其中一個人對著那一簍子新鮮的魚垂涎欲滴，他想：我現在這麼飢餓，當然要拿那一簍魚了，這一簍子魚，夠我吃上一陣子了。他選擇了那一簍魚。

另一個人想得比較遠，他想：一簍魚固然能讓我溫飽一陣子，可是度過那陣子後依然貧困飢餓，如果我有了魚竿，可以到海邊去，那裡有數不清鮮活的魚，我以後再也不用愁溫飽問題了。於是他選擇了那根魚竿。

他們向長者致謝後，一個迫不及待地撿了乾柴升起火來煮魚，一個拖著疲憊的身子向遙遠的大海走去。過了不久，煮魚的人把一簍魚都吃光了，最後還是餓死了。另外一個拿著魚竿的人，好不容易來到蔚藍的大海邊，卻再也撐不下去了，抱著無限遺憾倒了下去。

另外一個版本故事結局卻不同，同樣有兩個人，同樣得到長者一簍魚和一根魚竿的恩賜。但他們商定帶著這兩樣東西共同向大海出發。途中餓了就煮一條魚充飢，終於來到了大海。他們在海邊安家，開始了捕魚為生的日子。就這樣從此過著溫飽無憂的生活。

故事中，一個人只顧眼前的歡愉，一個人空有遠大的理想卻忽略了現實，他們都不可能成功。就像在工作中一樣，我們既不能好高騖遠，也不可空談理想。

人不能沒有目標，沒有目標就沒有動力，也不瞭解自己人生發展的方向。沒有目標，就會迷茫，失去自主性，只會聽從上級給的命令而做事。成功人士都喜歡一開始做某件事就為自己制訂好目標，還會分大目標、階段性目標和小目標，然後根據這些目標做相應的計畫，還會清楚地記錄下來，時刻提醒自己。如果有人問你：「你工作的目標是什麼？」而你茫然沒有任何答案或從沒想過，那就不要再拖延了，立刻拿起筆，記下你的目標吧！

首先，問問自己：我為什麼工作，工作的目的是什麼？有一句話說得好，沒有目標，我們唯一能做的，就是漸漸地等待老去。當然，不要把目標訂得太低，現實得只能滿足一時之需，短暫得像一陣風；也不要把理想訂得太遠大、太宏偉，這樣只是做白日夢！

我們都要明白理想與現實是有一定差距的，掌握住夢想和現實之間的平衡，調整好心態，按照實際情況和自身所需，正確地樹立目標，制訂出切實際的計畫，並按照計畫一步步踏實地走下去。像大象一樣，雖然沒有孔雀流光溢彩的羽毛，也不像狐狸那樣有一張巧言令色的嘴，但他們實在、沉穩，給人很強烈的安全感，企業是更放心把重擔扛在他們的肩上。喜歡投機取巧的人，就像是一步步腳踏在水上的浮板上，終會有落水的一天。

1984年的東京國際馬拉松邀請賽上，名不見經傳的日本運動員山田本一出人意料地獲得了冠軍。很多人對他成功的祕訣感興趣，接受記者採訪時，性格寡淡少言的他，只淡淡地說了一句：「靠智慧戰勝對手。」沒有人理解他這句話的深意，大家都想他是故弄玄虛，誰都知道馬拉松比賽最重要的是靠良好的體力和持久的耐力。過了兩年，在義大利米蘭舉行的國際馬拉松邀請賽中，山田本一還是輕輕鬆鬆地拿下了冠軍，記者採訪他還是只有一句話——靠智慧戰勝對手。

十年後，退休的山田本一終於在他的自傳中揭示了他成功的祕訣。以前比賽時，他總是只把一個大目標鎖定在彩旗飄揚的終點，結果跑到十幾公里他就耗盡能量，無法再有勇氣繼續快速跑下去。後來山田本一每次比賽前會自己先駕著車沿著比賽的路線走一圈，並把沿途醒目的標誌記下來。比如一座大銀行，一棟紅房子，一棵大樹……做為自己的小目標，一直記錄到終點。比賽時，他就以百公尺衝刺的速度跑完第一段，然後充滿信心地向下一個目標衝去。這樣，四十幾里的全程被他分成若干個小旅程，每一段旅程他都幹勁十足。

拿破崙說過：「成功與失敗，都源於你所養成的習慣。有一類人做每一件事都能選定目標，全力以赴；另一類人則習慣隨波逐流，凡事碰運氣。不論你是哪一類人，一旦養成習慣，都難以改變。」職場生涯是漫長而又艱苦的，雖然我們已經確立了自己的方向和目標，可是實際全力以赴地去完成起來，卻總是心有餘而力不足。這有可能是你制訂的目標過高，離現實還有些遙遠，但是，不要認為你的目標是高不可攀的，如果能制訂一個有序又細化的計畫，你就能一步步到達自己想到的夢想的終點。

任何成功的人士都會告訴你這個合理目標的重要性，所以要記住，這個夢想一定要遠大，但目標一定要合理。一個平時有設立目標習慣的人，也通常會忘

記把目標分成短期目標、中期目標，以及長期目標。他有設立目標，也許有核心目標，可是他忘了短期目標，一味地追求長期又遠大的目標，結果只能是因為力不從心而焦慮，懷疑自己。而且目標不能過多，免得衝突，不合理，也不可能達到。

有些公司會在開年終會議時，要求公司中、高階經理人員的業績目標必須符合五個標準，縮寫為「SMART」，因此員工們開玩笑稱之為「聰明計畫」：S是Specific，就是目標必須具體、明確；M是Measurable，即目標計畫必須是可衡量的；A是Actionable，即目標計畫必須是可執行的；R代表Real，即所有的這一切必須是真實反映的；T是Time Bound，即必須有時間表的意思。這才是合理和標準的設立目標方法。

第5節 不要小看小職位，任何工作都值得做好

工作取決於別人給你，而工作態度則完全取決於自己。工作態度反映出你對人生的態度。希爾頓說過：「世界上沒有卑微的職業，只有卑微的人。」如果你認為你的工作是鄙微的，那就是鄙微的，如果你認為它是高尚的，那它就是高尚的，你可以像個藝術家一樣對待自己的工作。

一顆小小的螺絲釘也有它不可或缺、無法替代的作用。甚至越是小職位，事情越多越忙碌，越能受到鍛鍊。沒有人可以一步登天，如果連小職位你都做不好，老闆又怎樣信任你，提拔你呢？

一個人的工作，是他親手製作成的雕像，是美是醜、可愛或可憎，都由他自己決定的。張瑞敏說：「什麼叫做不簡單？能夠把簡單的事情天天做好，就是不簡單；什麼叫做不容易？大家公認的、非常容易的事情，非常認真地做好它，就是不容易。」古語有云：「一

屋不掃，何以掃天下。」講的也是這個道理。不要小看小職位，金庸的《天龍八部》裡誰最厲害？其實不是喬峰，也不是段譽、虛竹，而是少林寺名不見經傳的掃地僧。一個原可能一生的任務就是在藏經閣掃地的和尚，結果從小就偷學武功，反而成為武學高手。可見，小職位也能出高手，就看你怎樣去對待。

松下以前做過很多小職位，但第一次進入一家電器商店工作，面對這麼多他從未見過的電器產品，他感到了自己的無知，決心要清楚瞭解所有的商品。這種求知的熱望鞭策著他不斷地努力，於是他每天都比別人晚下班，花許多的時間閱讀各種電子產品的說明書，瞭解它們的性能。在別的同事都外出遊玩放鬆的時候，他仍不讓自己閒著，去參加了電器修理培訓班，一直不間斷地為自己充電。同事看到他不懈努力的樣子，反而嘲笑他，一個學徒還妄想成為什麼專家，真沒自知之明。但松下先生從沒被這些話打擊過，他一直堅持不斷地學習。

經由自己的努力，他得到了令人欣喜的進步，終於成為了一個電器方面的專家，不僅能夠跟顧客清楚明瞭地講解電器知識，還可以自己動手修理與設計電器。老闆把這一切看在眼裡，非常賞識，他沒有忽略這個難得的人才，立刻提拔了他，並且將店裡的很多事務交給他打理，給松下先生帶來寶貴的經驗與訓練。而那兩個不思進取的同事，由於沒有一點進步，最後被解雇。誰能想到，這個當時對電器一竅不通的小店學徒，最後卻創業成功，讓全世界都擁有了他的品牌。

只有不管在任何職位都願意學習並且善於學習的人，才會獲得職位上的升遷和事業上的成功！而那些看不起小職位，也不願意或不屑於在小職位上努力的人，等待他們的只有淘汰。所以，我們在平庸的工作中不能滿足，對自己要嚴格要求，才會有晉升的機會。著名文學家魯迅曾說：「不滿是向上的車輪。」世界上最著名的時裝設計師皮爾卡登曾經說：「我事事爭第一，絕不做第二。」

李嘉誠，從一個批發推銷員到華人首富，被人們奉為商業界的神話，他也說，我十七歲就開始做批發的推銷員，就更加體會到賺錢的不容易與生活的艱辛了。人家做八個小時，我就做十六個小時。松下幸之助說過：「一個部門少則幾人，多則成百上千人，誰將獲得晉升，誰將坐上主管的位置，與其說決策權在上司手裡，不如說在你的手裡，因為只要你足夠優秀，不被提升那才是怪事呢！一個優秀的員工都是靠自己敲開晉升的大門的。」福特汽車公司裝配廠總領班湯姆．布蘭德也說：「我不覺得我做的任何一項工作是不值得的。我將來要能夠勝任領導整個工廠的工作，可是現在，我必須瞭解全部的工作流程。我在任何一個部門的工作都不是小事，因為每一件工作對我都是有價值的。我要想知道一輛汽車是怎麼製造的，就必須從做好一個汽車椅墊做起。」

即使在商界上叱吒風雲的人，都經歷過如此平凡艱苦的日子，更何況平凡的我們。應要學習蝸牛，有一步步在金字塔底部往上爬的毅力和永不放棄的決心。做什麼謀什麼，是一個人在工作中的基本態度，任何工作都應該以一種專業精神去做，用心於本職工作不僅會使你的工作成績得到認可，也可以大大激發你的創造力，同時使你的實際工作技能不斷提高。

隨著你自身技能及水準的提高，你獲得更高、更好職位才能成為可能。認真踏實地做好自己的工作，這就是最好的投資。古語說：「三百六十行，行行出狀元。」其實這狀元是怎麼出的呢？就出在「用心」二字。比方說，同樣是街邊擦皮鞋的兩個人，一個人擦出了一個全國性的連鎖皮鞋服務機構，另一個則連溫飽都解決不了，只能勉強度日，其關鍵也在他們工作的態度「用心」程度。成功的擦鞋匠每天都把心思放在了他的工作——客人的皮鞋上，他所考慮的是如何能把皮鞋擦得更好、更亮，如何保養得更好，如何能讓人們穿得更舒服等等；而那個貧窮的擦鞋匠，把目光往往放在了繁華的車流、鱗次櫛比的樓群、眼花撩亂的商品，甚至目光留戀於女孩們漂亮的臉蛋。

上世紀七〇年代初，麥當勞決定進軍臺灣，於是總部決定在當地招募一批管理人員進行培訓，他們選中一位年輕企業家，可是仍非常謹慎，不敢輕易做決定。最後一次面試，他被要求帶著他的太太前來。商談間，總裁問了一個讓人意想不到的問題：「如果我們要你先去洗廁所，你會願意嗎？」他心中老大不悅，心想怎麼說我也是一個企業家，派我去洗廁所，未免太看不起人了吧！於是他沉默了好一會兒，還好，他有一個明智的太太在旁邊，她主動打破沉默說道：「沒關係，我們家的廁所向來都是他洗的！」就這樣，他被錄取了。

第二天，他真的被派到去洗廁所。到後來他當上了高級管理人員，瞭解了公司的規章制度才知道，原來麥當勞訓練員工第一課就是先從洗廁所開始的，就連總裁也不例外！

千里之行，始於足下，沒有不重要的工作，只有看不起工作的人。尤其是剛出社會時意氣風發的年輕人，不要以為一出社會你就能受到老闆的看重賞識，高人一等，只有先做好眼前你可能不甚滿意的工作，才能證明出你的能力。願意從基層做起的務實精神，是任何企業都需要的，而且在任何環境都能學習到各種能力，更能體現你的出類拔萃。

小測試——你瞭解自己現在的工作狀態嗎？

題目：今天如果正巧有個夥伴邀請你一同去釣魚，你會選擇何處？

1. 海岸邊
2. 山谷的小溪
3. 坐船出海去
4. 人工魚池

答案：

選「海岸邊」

你仍然是個講究投資報酬率的人，會以最少的資本追求最高的利潤，很有生意眼光，所以你會到海岸邊去釣躲在岩縫裡的小魚，雖然體積不大，但是數量卻很多。

選「山谷的小溪」

你對工作企劃有一套，眼光遠大，能安排好一個月以後的行程，只可惜你做事太保守，缺乏衝勁，不能專一地投入，不然你為何貪戀山谷的美景，而不把全部心力投注在釣魚上。

選「坐船出海去」

工作狂熱症的代表。就像追求坐船時乘風破浪的快感一樣，你是一股勁兒地拼命，也就是說，拼命起來沒大腦，你只能聽指令行事，但是絕對不能讓你規劃，因為你會急出腦溢血。

選「人工魚池」

你只打有把握的仗，十足的現代人，有自信，會推銷自己，商場上講戰術，頭腦冷靜，但是你有點鋒芒畢露，切記不要搶人家的功勞，否則會為你以後的失敗埋下伏筆。

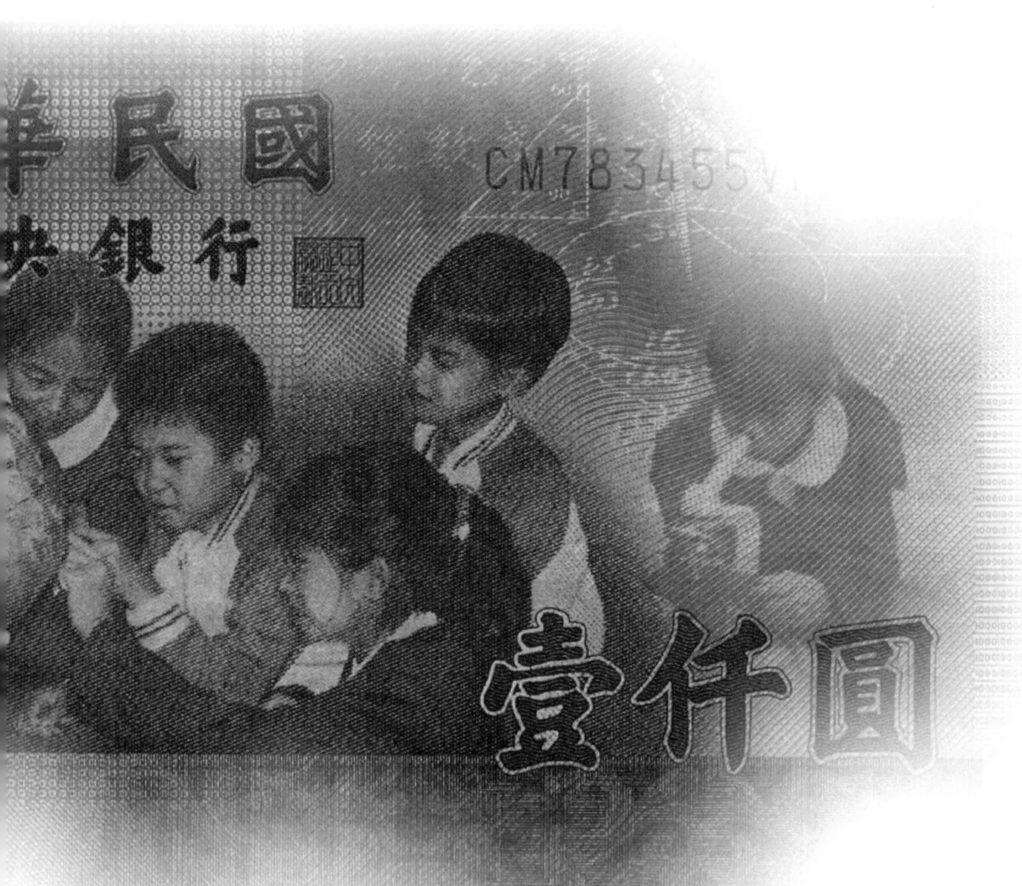
民國
央銀行
CM783455
壹仟圓

第二章

職業解惑

修練成「白骨精」還有多遠

所謂「白骨精」這種近來出現的時尚說法，在現代社會中，是對職場成功人士的稱謂，尤其是女士，更偏愛別人如此的稱呼，因為它如今指的是：「白領，骨幹，精英」，即高級白領＋業務骨幹＋行業精英＝白骨精，他們朝氣蓬勃地工作著，在知識經濟波瀾壯闊的背景下在職場中嶄露頭角。每個職場人都在努力踏進「白骨精」的行列，讓自己在工作上得心應手，但職場如戰場，不管是誰，成功前都一定走過了很多冤枉路。

阿輝剛進管理諮詢公司時，也曾有一段比較苦悶的時間：當初進去時，自信自己可以在市場策劃、專案設計方面大展抱負，讓上司大開眼界。誰知道進去後，只是做一些市場調研、會務安排、整理資料之類的零碎工作，這種工作對阿輝來說，根本沒有發揮餘地，自然也不會有高層來注視了，發展也是沒什麼希望的了，沒料到，經過一番努力和充電後，卻當上了公司策劃總監，相信很多人都曾有過這麼一段苦悶期，而這一章，我們就來探討白骨精究竟是如何養成的。

第1節 「窮忙族」：勤勞憨厚薪水卻依然不漲

貧窮是所有人所憎惡的，它使我們有病無法醫治，家人無法享有良好的生活品質。生活對富人來說才是生活，對窮人來說只是生存。

「窮忙族」是近年來廣泛流傳的一個名詞，它來自英文中的「working poor」，是指拼命工作卻得不到回報、看不到太多希望的人。太過於忙碌不是一種美德，因為窮忙族忙得完全沒有時間享受自己的生活，這是一種病態的忙碌，每天忙忙碌碌，無法停歇，卻不清楚自己到底在忙些什麼，這叫瞎忙。別陷入「工作繁重枯燥，人際錯綜複雜；升職前途渺茫，加薪遙遙無期」的怪圈裡。

網上有一個對職員的調查，75％的人自認為是「窮忙族」，12.7％的人表示「不清楚」自己到底是不是「窮忙族」，只有12.3％的人明確表示自己不是「窮忙族」。看來，「在職窮人」這種無奈的狀態困擾著許多上班族。看看下面這些網友言論：

「我身邊的『窮忙族』很多，他們大多同時兼了好幾份差事，不僅每天過得忙碌，更是迷茫，永遠覺得自己只是在過『日子』，而不是在『生活』。」

「你可以窮、可以忙，但絕對不可以窮忙。」

「起得比雞早，睡得比狗晚，吃得比豬差，幹得比驢多。」

可見，「窮忙族」已經不是某個人的私人問題，而是某一群體的問題。曾經有個青年詩人名叫石川啄木，在他的詩歌集《一捧沙》中，有這樣的句子：「工作啊工作，生活依據無樂，兩手常見空空。」這更生動道地出了「窮忙族」的苦悶心態。

二〇〇一年，英芳從高中畢業後，就因家庭經濟原因進到本市一家服裝店工作當店員。當時是新員工，薪水不高，可是她個人對生活品質要求很高，名牌服裝、高檔化妝品等一樣也不能少。但由於微薄的薪水不能滿足她的要求，於是，她又加入了某個大型保健公司做產品直銷的業務員，經常參加其中的培訓，但由於有些急功近利，她的業績並不高，每天像個陀螺般轉來轉去，卻始終看不到工作的希望在哪裡。「我承認，自己已經加入『窮忙族』。每天都要加班到晚上八點才能下班，平日工作較累，我喜歡用購物調節情緒，沒有積蓄是必然結果。如果上司不滿意，我很可能會丟掉飯碗，內心壓力極大。」

這就是「窮忙族」的一個典型例子，但其實有很多優秀的員工，甚至是企業家，也都經過一段窮忙的日子，亨利．瑞蒙德最初在做美國《論壇報》的責任編輯時，一星期只能賺到微薄的六美元，但他仍然堅持每天平均工作十三至十四個小時，往往整個辦公室的人都走了，只有他一個人在工作。

「為了獲得成功的機會，我必須比其他人更踏實地工作。」他在日記中這樣寫道，「當我的夥伴們在劇院時，我必須在房間裡；當他們熟睡時，我必須在學習。」終於，經過每天堅持不斷地學習累積，他坐到了美國《時代週刊》總編的位置。

「窮忙」可能是通向成功的一條必經之路，可是，令一些長期「窮忙族」尷尬的是，自己並沒有缺少努力和奮鬥，但「窮忙」狀態卻如黑夜中的幽靈般，無法擺脫。古有愚公移山的故事，可是當今的職場不需要這種員工，看似辛勤不怠卻不講究效率，看似忙忙碌碌卻始終業績平平。「窮忙」在職業人生之初出現是可以理解的，但如果一直出現，就是時候要提高警覺了，以免走極端。

「窮忙族」怎樣才能擺脫無奈的現狀？首先，我們可以暫時停下忙碌的腳步，冷靜地想一想，究竟是什麼原因導致自己越忙越窮，越窮越忙，拼命工作卻得不到回報，看不到希望呢？在某種意義上，貧富的區別並不在於擁有財富的多寡，而在於處在同一生活環境中的人們所具有的生活習慣、思維模式以及對社會的影響力。

1、缺少合理的職業規劃，工作、兼職主次不分

就像上文英芳的例子一樣，有些人為了能多賺點錢，改善生活條件，往往身兼數職，但是漸漸地，他們分不清主次了，只是單純地做許多份工作，但不知道哪一份才是真正的事業，是他們一輩子要發展的方向。廣泛涉足，難免流於蜻蜓點水，成功的祕訣應是把一件事做精做透。

《員工工作準則——世界五百強企業優秀員工必備的十一種素質》中，提到了一個事例：美國的布拉尼克博士曾經做了個經典的實驗，他堅持對一千五百名一般男女做了持續二十年的研究，從他們二十多歲開始追蹤到四十多歲為止。

結果這一千五百人當中，有八十三位受試者成了百萬富翁。研究發現，每個變成富翁的人，都早早地就下定決心要專注某件令他們癡迷的事。結果，就這樣努力工作十五或二十年後，他們發現不知不覺中自己的淨資產值超過了一百萬美元。在這類人當中，有百分之七、八十都不是企業家，也沒有偉大的技藝天才，他們完全是靠在工作中的卓越表現和專

長成為富翁。

窮人與富人相比，僅僅是缺錢嗎？他們還缺少富人那種眼光，眼光太盯緊在不屑的生活小事上，熱情消耗在太具體的事情上。每個人在工作中都有自己的目標，當你的目標只是薪水，很可能反而會處於貧困當中；把工作當成是人生價值的體現一樣重要，你就會樂在其中，終有一天會富裕起來。不知道大家有沒有聽說過民間有一種特殊的捕猴子方法？在一塊木板上挖兩個洞，剛好夠猴子的手伸進去。木板後面放一些花生。猴子看見花生，就伸手去抓。結果，抓了花生的手緊握成拳頭，無法從洞裡再縮回來。猴子就這樣緊緊地抓著牠的花生，被人輕而易舉捉去。

猴子之所以遭殃，就在於太看重食物。工作的目的要是僅僅只為了錢，對錢過分關注，就容易忽視錢以外的東西，當然，這並不是說人們只能從事一份工作，不能做其他的兼職，而是說要學會確定哪一份是你最主要的工作，必須花最大力氣、最多精力去努力。不要只把金錢當作你工作的主要目的，而是要在工作中也存有自己追求的夢想。

2、起點太低，機會太少

或許是文憑不夠高，又或許是經驗不足，讓你不得不從事一個薪水低微的小工作，如果是因為這個原因，那你需要花比別人更多的耐心和努力，就像上一章所寫的，不要小看小職位，任何工作都值得做好。

美國著名出版商喬治．齊茲因為家境貧窮，十二歲時便到費城一家書店當營業員。他工作認真努力，而且對他來說工作上沒有他「分外」的事，他總是主動幫店裡做事。他說：「我並不僅僅只做分內的工作，而是努力去做我能力所及的一切工作，並且一心一意地去做。我想讓老闆承認，我是一個比他想像中更加有用的人。」

有這樣的信念和堅持，他走向了成功。如果你也經過了努力，相信一定可以成就一番事業。獲得某份工作以後，如果你能將工作當成自己的事業，那麼就意味著你已經成功了一半。專家指出，長期來看，工作的第一個十年，應該是學習期；工作的第兩個十年，是可以看到薪資明顯攀升的成長期；而第三個十年，是可以看見個人薪資最高峰出現的收成期。收成期絕非必然的結果，而是在前面的兩個十年中，真能有學習、成長，做上去了，收入才會水到渠成。

3、拒當「職場老好人」

所謂「職場老好人」，即在辦公室中整天為別人的事情忙碌的人，不忍心拒絕任何要求，結果成為了眾人使喚的「便利貼」，即使心中老是不願意，仍要笑臉相迎任何請求，導致自己的工作沒時間好好完成，卻整日為別人的事情奔波勞碌，還沒給上司一個好印象，白忙了一場。

剛進公司，小樂總是小心謹慎，只要前輩一聲令下，絕對二話不說就去幫他們跑腿、做雜事，從不敢有絲毫懈怠。辦公室裡的清潔打掃工作都是小樂包辦的。炎炎夏日，小樂就為她那些嬌貴的同事們帶冰鎮可樂和冰水等；寒冬裡，小樂會為他們先把暖氣開好。總之，她簡直變成他們的保姆。

隨著小樂漸漸在公司裡站穩了腳跟，工作也多了起來，於是她漸漸少做了些，可是她的同事們卻抱怨起來了，不是說她擺架子，就是說她沒有以前勤快了。小樂礙於面子，只好繼續做下去，有時工作就這樣趕不完，還被上司罵，小樂也無處可訴苦，只得啞巴吃黃連，有苦說不出。真沒想到，背著「好人」的光環看似光輝，卻為自己惹來剪不斷的麻煩，還影響到了本身的工作。

我想，許多職場新人也有類似苦衷，為了能讓前輩和同事對自己有個好印象，太過友善和勤快，結果反而成了無人重視的「老好人」，不分場合對人微笑，人家覺得你沒個性；

對同事有求必應，必然有某次因為能力或其他原因你「應」不了，人家便覺得你不夠意思，進而疏遠你；辦公室裡只有你不時地掃掃拖拖，久而久之，大家把你當成兼職的清潔工，理所當然享受你帶來的整潔乾淨，心裡卻絲毫不記得你的好。久而久之，就變成了大家呼來喚去的「雜工」。所以，職場好人還是不做為妙，免得忙夠了別人的事情，自己還要兩邊不討好。所以，與同事之間最好保持適當距離，不要公私不分，把更多的時間和精力放在自己的工作上面。

有人說：富人的玩也是一種工作方式，是有目的的，這和百無聊賴混時間完全是兩種狀態。富人的閒是閒在身體，他的腦袋從來沒有閒著；窮人的閒卻是閒在思想，實際上他手腳都在忙，累得要死卻只是賺到了點飯錢。所以你的手腳在忙，腦袋也不要閒著，當你冷靜地分析出你的原因，那你就可以按照上面的方法努力下去，經由堅持不懈的奮鬥，相信離你擺脫「窮忙族」的日子就不遠了。

第2節 「思想者」：擁有妙點子老闆卻不看重

擁有無限創意的員工，是很受老闆歡迎的。思想是人的精神財富，但為什麼有些人滿腦子都是「金點子」老闆卻不看重呢？因為這些妙點子只是紙上談兵，不切實際，就像空中樓閣一般，美好卻遙不可及，沒什麼實用價值。

有一天，動物園裡的袋鼠「越獄」成功了，動物園的管理員們如臨大敵，召開了一個緊急會議，討論為什麼袋鼠會逃跑成功，有一個員工認為是籠子高度太低，而讓袋鼠爬走了。他提議加高籠子高度，於是他們集體決定加高籠子十公尺。他們認為這樣就可以安心了。

誰料到第二天，又有一隻袋鼠逃跑了。管理員們大為緊張，把籠子再次加高了十公尺。於是長頸鹿好奇地問籠子裡的袋鼠們：「你認為你們的籠子還會加高嗎？」「當然會，今晚我們又有要溜了，」袋鼠得意洋洋地說：「如果他們還沒看到籠子後面的破洞的話。」

這就像企業裡有些員工，雖然想出看起來不錯的點子，但這些點子卻犯了捨本逐末的問題，沒看到事情的根本。會思考，才能決勝千里；瞎思考，只是紙上談兵。

當然，愛思考的「思想型」員工也不用擔心，如果現在你們的「金點子」總是沒有得到錄用，並不表示你們得要放棄愛思考的好習慣，這只是事業上的一個瓶頸階段，如果突破了，你愛思考的習慣就能讓你的事業如虎添翼。企業是需要獨立思考，獨立解決問題的一群人，畢竟，獨立思考才能為企業創造價值。

有人提出：日思五分鐘，培養善於思考的員工。工作不用腦子，每天機械地重複昨天的工作，那就是在得過且過，腦子長期不用就會生銹，不能對現場實際問題進行綜合思考，慢慢地更失去進步的動力和走向成功的資本，甚至落伍脫隊，這樣即使到了含飴弄孫的年紀時，依然會一事無成。

世界上首屈一指的高科技公司IBM，提倡「野鴨精神」。「野鴨精神」名字是來自歌爾科加德的一句話：「野鴨或許能被人馴服，但是一旦被馴服，野鴨就失去了牠的野性，再也無法海闊天空地自由飛翔了。」總裁小湯瑪斯．沃森把他當作是自己的格言，也是他用人的標準之一，他認為，「對於那些並不喜歡卻有真才實學的人才的提升，我從不猶豫……我所尋找的就是那些個性強烈、不拘一格、有點野性，以及直言不諱的人。」他說，如果你能發掘出你身邊大量這樣的人，同時能夠耐心地聽取他們的意見，那麼你的工作將一帆風順。「野鴨精神」其實就是鼓勵創新，沃森採取了很多措施激勵員工積極創新，在這樣的大環境下，IBM公司員工創新意識非常強烈，喜歡自覺地思考。有這麼多靈活的腦子在運轉著，IBM公司不斷地開發出更新更先進的產品，永遠走在世界的前列，這也是IBM公司致勝的祕訣之一。

綜觀當今中外成功的企業，如通用、惠普、思科、華為、海爾、聯想等等，幾乎無一不以創新做為自己的旗幟，做為自身發展的原動力。松下幸之助說：「經營就是創造。」張瑞敏提出，海爾的競爭策略就是「標新立異」。豐田汽車過去在塑造生產的企業文化，就強調各工廠可以針對不同實際狀況進行微調，不必事事都仰賴上級指示。他們希望改善方案都是由工廠提出，經由持續不斷地改善，就能實現更快提供物美價廉商品的目標。這是豐田式的思考，認為重複做同樣一件事的話，其過程中就沒有「改善的力量」，也就沒有進步了。所以，員工有思考力還是很重要的。

企業喜歡善於思考、有創新力的員工。只是，要記得思想一定要付諸實際行動，並且要想出新穎又能切實解決問題的點子，那你可能就是老闆和公司都喜歡的「金點子之王」。

第3節 「雙高者」：高學歷、高智商換不來高待遇

「高學歷」是人們求職敲門磚的一塊金磚，許多人辛辛苦苦地讀了十幾年書，拿了一大堆的證照，成為別人眼中的頂尖人才。但很多時候，往往事與願違，本以為手中握緊了一份高學歷找工作就不用愁了，誰知工作職位往往不盡如人意，甚至令人疑惑難道這麼多年的書是白讀了嗎？為什麼在學歷上自鳴得意，在職場上卻名落孫山呢？

不可否認，學歷越高，機遇就越多。但是，學歷代表過去，只有學習力才能代表將來。你用高學歷這個金磚敲開了工作的大門後，並不代表你就可以無後顧之憂，企業最關鍵的還是看員工的能力。優秀人才不等於優秀員工，能力不夠，照樣不能受到重用，那你的學歷只能是供人欣賞，沒實際意義的花瓶，沒人會在乎的。以學歷敲門，能力和態度是打開工作之門的鑰匙，這是評價一個員工優秀與否的核心標準。

高學歷換不來高待遇的主要原因有：

一、要給企業安全感，你需要表現得真摯、忠誠

阿光是個剛畢業的高材生，他有著傲人的履歷：碩士學歷、託福成績接近滿分、導師的推薦。他別出心裁地把履歷裝訂成冊，每一頁記錄著他學生時代的光輝歷史，信心十足地拿著它到處投遞，沒想到在找工作上卻屢屢碰壁，令人跌破眼鏡的是，他學歷平平的同學反而比較容易被錄用。於是他鼓足勇氣打電話去一些公司的人力資源部，詢問原委。對方說，他的條件太好，怕留不住，並補充說，他們目前還沒有到達直接引進研究生的水準，所以請他到別處試一試。好不容易有個公司表示願意讓他試用一個月，也沒有受到重用，讓他發出大材小用、懷才不遇的感慨。

你有聽說過「戀愛工作學」嗎？有時候，談戀愛與工作是有些相似的。它總會給你一些考驗，要想讓它完全接受你，就要先把自己的誠意雙手奉上。要想被錄取，你要表現出真實、自信，並對過去成績淡然的心態，而不是憑仗著曾經的成績洋洋自得，甚至飛揚跋扈。傲人成績只代表你的過去，品格修養、實踐能力、人際交往等綜合素質才是企業最看重的。

如今，高學歷的年輕求職者比比皆是，在這些高學歷求職者身上，如果你表現出傲氣和

浮躁，缺少一種願意在這個企業認真工作的誠意態度，那麼就不能給企業你能長久留下的安全感了。

二、明白高學歷並不等於高能力，你需要學習的東西還很多

有許多高學歷者因為多讀了幾年書，經常以此為榮，沾沾自喜，對企業有諸多要求，甚至對學歷不如他高的同事或上司不屑一顧，凡是他認為不能體現出他能力的工作都不認真對待。經常感嘆著「懷才不遇」的人，往往表現得恃才傲物，對平凡的工作根本不屑一顧，一心只想著一鳴驚人，闖出一番大事業，稍有不順，就認為公司沒有伯樂的眼光，經常長吁短嘆、感嘆命運不濟。

柯金斯用這樣一個故事告誡所有的職場人，這是他真實的經歷，在他擔任福特汽車公司總經理時，有一天晚上，公司裡發生了十萬火急的事，要發通告信給所有的營業處，他叫來了全體員工協助。所有人都十分配合，然而，當柯金斯安排一個書記員的下屬去幫忙套信封時，那個年輕的職員不屑一顧地拒絕說：「這不是我的工作，我不幹！我到公司來不是做套信封工作的。」聽了這話，敬業的柯金斯立即被激怒了，但良好風度的他仍然保持平靜地說：「既然這件事不是你分內的事，那就請你另謀高就吧！」他就這樣被炒魷魚

了。

像這樣自以為是的人，在職場上永遠是個失敗者，他忘了做人要謙遜，過度自我膨脹，在職場中肯定不會有好人緣。學無止境，謹記放低自己才能學到更多，只有真正參與到工作中為公司解決問題了、創造業績了，才能表示你真正有能力。記住，如果伯樂沒有出現，代表你還不夠出色。

隨著企業規模日益壯大，企業內部分工也越來越細，任何人不管有多麼優秀，想僅僅靠個體的力量來推動整個企業的發展，都是不可能的。知識只有轉化成有效的工作能力，才是你最大的財富，否則它一文不值。中國創維集團人力資源總監王大松就曾說，年輕人只有沉得下來才能成就大事。無論你多麼優秀，到了一個新的領域或新的企業，都要從基本的職位幹起，瞭解情況，累積經驗。一走出校門就只想做策劃、做管理，可是你對新的企業瞭解多少？對基層的員工瞭解多少？沒有哪個企業敢把這樣的位置讓剛剛走出校門的人來掌握，那樣做無論對企業還是對畢業生本人都是很危險的事情。

美國通用公司要招募業務經理，一堆才華橫溢、能力超群的人前來應徵，最後經過嚴格的篩選後，有三個人表現極為突出，進入了最後的面試，單看學歷，三人的懸殊非常大，一個是博士甲，一個是碩士乙，另一個是剛走出校門的畢業生丙。公司最後給這三人出了這樣一道考題：

有一商人要親自出門送一批貨，不料天公不作美，剛好碰上滂沱大雨，這時離目的地還有一大段陡峭的山路要走，商人為了減輕負擔，去了牲口棚挑了一頭驢和一匹馬上路。路途依然十分艱難。

過了一會兒，驢就不堪重負，牠央求馬替牠馱一些貨物，可是馬覺得自己身上負擔已經很重了，於是拒絕，最後驢終於因為體力不支勞累而死。商人只得將驢背上的貨物移到馬身上，馬才有些後悔。

又走了一段路程，背上的重擔也把馬壓得不堪重負，牠央求主人替牠分擔一些貨物，主人還在為牠剛才的懶惰造成驢的死亡而生氣：「誰叫你不願替驢分擔一點，現在輪到你受罪，活該！」

沒多久，馬也累死在路上，商人只好自己背著貨物去送貨了。

應徵者需要回答的問題是：商人在途中應該怎樣才能讓牲口把貨物馱往目的地？

甲的答案是：把驢身上的貨物減輕一些，讓馬來馱，這樣就都不會被累死。

乙的答案是：應該把驢身上的貨物卸下一部分讓馬來背，再卸下一部分自己來背。

丙則回答得別出心裁：下雨天路滑，再加上山路不好走，商人一開始就應該考慮周全，不應該用驢和馬，應該選用能吃苦且有力氣的騾子去馱貨物。這是屬於商人自己考慮不周全而造成重大損失。

結果，丙被通用公司聘為業務經理。

甲和乙雖然都有很高的學歷，但是遇事不能仔細思考，想法比較古板，找不到事情解決的關鍵，最後還是以失敗告終。丙雖然沒有什麼傲人的文憑，但是他遇到問題不拘泥原有的思維模式，有效運用他的思考力，進而也證明了他的學習能力。

第4節 「焦大」們：曾經的輝煌到如今的蹉跎度日

焦大是《紅樓夢》裡一個悲慘老奴的形象，他是寧國府內忠心耿耿的老奴，從小就跟隨著寧國公賈演四處征戰，與主子一道經歷了太多苦難，也曾把主子三番兩次死裡逃生營救出來。在沒有糧食、沒有水的時候，他總是自己忍飢挨餓去找東西先給主子填肚子，自己卻喝馬尿為生。就是這樣的功勞情分，在他老了後，寧國府現在的主子卻不怎麼重視他，他也對寧國府後代富貴淫糜的生活深惡痛絕。一次，他在喝醉後終於沒能掩飾自己的不滿和憤懣情緒而破口大罵，結果讓鳳姐等主子惱羞成怒，令小廝們用土和馬糞滿滿填了他一嘴。

現代社會當然沒有這樣可怕殘酷的懲罰了，可是有些老員工也遭遇過類似的事情，自己是公司裡的「老骨幹」，曾為公司立下汗馬功勞，為什麼現在會淪落至主管不關注，同事不尊崇的結果呢？古羅馬的哈德良皇帝就早已給出過最智慧的回答。

哈德良皇帝手下有一個將軍，跟隨著他長年四處征戰，但一直沒有得到提升。有一次，這個將軍替自己覺得非常不值，於是他向皇帝訴苦道：「皇帝陛下，我應該升到更重要的領導職位，因為我的經驗豐富，參加過十次重要戰役。」

哈德良皇帝是個明智的皇帝，對自己的人才有著清晰的判斷力，他知道這個將軍能力還不足以被提升，於是，聰明的他想了想，就隨意指著拴在周圍的驢子說：「親愛的將軍，好好看看這些驢子，牠們至少參加過二十次戰役，可是牠們仍然是驢子。」

很多人會用一句「沒有功勞也有苦勞」來為自己辯解，這在職場上是行不通的。許多資歷老的員工們把自己過去做的「豐功偉績」掛在嘴邊，並以此為驕傲，沒有人會覺得舒服。畢竟過去的已經過去了，沒必要一直舊事重提，經驗與資歷固然重要，但這並不是衡量能力的標準。有些人十年的經驗，只不過是一年的經驗重複十次而已。雖然你的工作技巧非常熟練，但這樣的重複是無意義的，並且很有可能你就因此失去了創造力，還成為阻礙前進的兇手。

有這樣一個員工，他在一家外貿公司已經工作了十年，薪水卻從不見調升。有一天，他終於忍不住內心的鬱悶，當面向經理訴苦，問這一切到底是為什麼。經理顯然對他早就有備而來。馬上回答他說：「你雖然在公司待了十年，但你的工作經驗卻不到一年，能力也只是新手的水準。」這個看似老資格的員工為公司服務了十年獲得的除了這十年的薪水就再無其他了，又怎能不抱怨公司的不公呢？

俊宏是一家成立數十年公司的老員工，他終於從小小會計坐上了財務總監的位子，享受著優厚的薪水和福利待遇。這下，他終於揚眉吐氣、得意洋洋了，論起資歷來，他可是元老級的人物。於是，他開始頻頻跟公司其他員工分享他光輝的歷史：「小方呀，我來這公司可整整八年了，我來的時候，公司剛剛創立，遠不及現在的規模，非常簡陋，我可是和公司一起度過許多艱難歲月的，見證了它由小到大、由弱到強的成長啊！不是我吹牛，其中有很多次困難都是由我承擔起來的，有一次，公司差點薪水都發不出來，還好我努力拿到了一個供貨單子……」

漸漸地，隨著公司發展蒸蒸日上，公司吸納了一批新人，財務部也引進了一名財經大學的畢業生。為了讓這名新人盡快適應工作環境，公司要求俊宏多多提攜，俊宏也拍著胸脯表示一定會幫助新人熟悉工作。

這位資優的高材生任職後，俊宏很快就感到了壓力，他實在是個難得的人才，不僅能言善辯，待人謙虛有禮，很快和同事們打成一片，而且工作能力極強，財務、行銷、外語和電腦沒一樣能難倒他。工作不久，他就完全熟悉了新職位，俊宏別說幫助他了，很多問題反而要向他請教。這時，俊宏沒有反省自己已與時代脫節，仍然活在個人的光輝歲月裡，並且開始擔心坐了不久的位置可能很快就要被這個年輕人所替代，想起這些，他如坐針氈。

於是，俊宏經過深思熟慮，想到了一個對策，給這位新人設置前進的障礙，不讓他接觸瞭解核心業務，甚至不讓他用電腦。沒想到，這位年輕人並沒有退縮，雖然用著再簡陋不過的工具，態度依然一絲不苟，把全部心思放在工作上，帳目更是做得無可挑剔。俊宏自以為扼制了這個年輕人的發展，工作上開始敷衍了事，不久就遭到上司的投訴，面對這種情況，公司領導階層終於沒再顧及俊宏曾經的「豐功偉績」，要求那位年輕職員參與協助他的工作，沒多久，年輕人在這個職位上做得如魚得水，呈上了令領導階層滿意的業績。看到他出色的表現，愛才惜才的領導階層當機立斷，提拔他為新的財務總監。而俊宏呢？任他心機再多，資歷再老，也終被重新打回原職了。

俗話說：「革命不分先後，功勞卻有大小。」長江後浪推前浪，前浪倒在沙灘上。人不能總是活在回憶中，如果選擇了停滯不前，就會被時代無情地拋棄。企業需要的是能夠創造利潤、勤奮踏實的員工，而不是那些曾經做出過一定貢獻，現在卻跟不上企業發展步伐，自以為是、不思進取的員工。

在一個憑實力說話的年代，講究能者上庸者下，沒有哪個老闆願意拿錢去養一些無用的閒人。職場中辭退員工是經常見到的事情，一直停留在原地沾沾自喜、故步自封，就有被企業淘汰的可能和危險。那些業績斐然的員工，他們將獲得豐厚的獎賞，而業績差的，則隨時會有被老闆解雇的可能。所以，奉勸一句給那些「職場焦大們」，不要一味沉緬在過去風光的回憶裡，不要讓曾經的輝煌成為阻擋你前進的絆腳石，最重要的是活在當下，面對現實，你依然需要和別人一樣不停努力才能成功，永遠不能懈怠。

一九九三年，郭士納就任IBM公司董事長和首席執行長，那時正值IBM虧損慘重、即將分崩離析之時，裁員行動結束後，郭士納對留下來的雇員說：「有些人總是抱怨，自己為公司工作多年，薪水太少，職位升遷也太慢。你們必須拿出點成績讓我看看，要給我創造出最大的效益。現在，是否繼續留任，就看你們的表現了。」

職場不是展示你功績的展覽館，以往的輝煌只屬於過去，職場亦是不見硝煙的戰場，不要因為自己的資歷長於他人就以為穩操勝券。只有證明出自己的能力，才能提升你的職場高度，表現出你的商業價值，再一次讓人刮目相看。

第5節 曲途中自有美麗風景，彎路並不可怕

成功不是輕易就會降臨的，每一個成功人士背後一定都凝聚著無數次的失敗經歷，通往成功的道路難免遭受打擊、遍體鱗傷，這對每一個人來說都是一場艱難的考驗，是選擇放棄還是繼續，就決定了你最後結局的成功與否。

其實，面對失敗需要的是無所畏懼的心態，曲途中的風景，才是最重要的。失敗並不可怕，可怕的是你從此失去了前進的動力。成功的典範很多，但卻是無可複製的，未曾失敗的人也未必就註定成功，天才也是經過在長年累月的歷練中打磨出來的。真實地評價一個人，不是看他在順境中如何意氣風發，而是看他在逆境中能否不屈不撓，勇往直前。

阿靜曾在一家房仲公司做銷售小姐，當時由於房仲業看好業務需要擴展，經過投履歷和一系列面試之後，她很快就順利任職了。她的運氣很好，一進公司就舉行一週年促銷活動，五折、六折、八折優惠價格滿天飛，再加上阿靜生性活潑直爽，嘴巴伶俐，外形討

喜，不久就贏得顧客們的好感和信任，順利地迎來了事業的一個春天。在這幾天的活動裡賣出了六、七間，她開心地以這運氣來了真是擋都擋不住，這也讓她對自己今後的工作充滿信心。

沒想到好景不常，從那之後，阿靜就陷入了事業的低潮期，幾乎半個月時間都沒有業績。狀況很讓人沮喪，但她樂觀地安慰自己這也許是新人必經的階段吧！那段時間她開始對自己進行反省，總結之前工作取得良好成績的原因：自己能賣出兩間到底是因為能力突出？還是價格優惠活動的刺激？自己還有哪些不足？

阿靜下決心要努力地去改善自己，於是她向公司的前輩同事認真討教，發現她們做什麼事情都比較有系統性和連續性，並且不斷總結和發現銷售理論，工作態度認真，相較她的狀態浮躁，有時候方法也不得當，愛鑽牛角尖，這都是做售屋專員非常忌諱的工作方式。這個時候的阿靜，雖然年輕，但卻難得地顯現出了超越年齡的冷靜，她準備了一個筆記本，每當得到一些心得時就會用筆一條一條認真歸納，非常有邏輯性。

一些朋友擔心她會消沉，但她沒有，她沒想過放棄，亦不怕失敗。這個時候有個客戶跟她認識很久，一直都有聯繫，她也看得出來對方有購置房產的想法，但他顧慮的一是認為價格較貴，二是地段不好，怕孩子上學太遠不習慣。於是她就用自己的故事現身說法地跟他分享，她小時候上學家離學校就比較遠，每天一個人坐公車，但久而久之卻成長得比別人快，自理能力也比較強，而且會更知道去珍惜學習的時間。其實她們的住宅位置雖然遠了一些，但勝在交通便利，又有較多的公車路線。在價格上，她跟他探討當今的市場形勢，說明現在的房價都大同小異，而且短期內還沒有下降的趨勢，再猶豫不決，還有上漲的可能，繼續觀望很不划算。最後表示一有優惠資訊就立即通知他。一個多月後，阿靜終於把公司的這個潛在客戶拿下來了。這讓她非常有成就感，對工作又重新燃起了熱情。

可見，失敗並不可怕，關鍵在於用怎樣的心態面對。我們換一個角度想：凡是存在於世界上的事物，都有其價值。事實上，一個人的人生經歷中，有一次較大的失敗並不可恥，反而會轉換為一種智慧和資質，更容易得到別人的認可。因為很多公司都相信，只有實踐過怎樣穿越失敗這門課程，人們的毅力才會更頑強，經驗才會更豐富，處理事情才會更成熟。

就如同IBM使用指導計畫讓優秀員工知道失敗的價值，以及如果從失敗中汲取經驗。很多員工都從這個訓練中受益匪淺，如IBM全球技術服務部總經理伊莉莎白·史密斯就表示，這門課程真的讓她受益良多。最近的工作中，她設計的一個計畫沒有在亞洲市場上獲得積極的回應，倘若在過去，她可能由於挫折而影響自己的工作狀態，甚至放棄。但透過這個訓練，伊莉莎白堅持了下去，於是她反覆修改，並獲得公司的支持轉戰美國，反而非常成功地推出了這個計畫。

每一次失敗其實對每一個個體都有促進成長的潛在因素。面對失敗如果你選擇自暴自棄，從此消沉下去，那麼失敗就成了一個陷阱，你只能深陷其中，不能自拔；如果你選擇的是坦然面對，對自我進行反省，學會用平和的心態去面對，找出自身和別人的差距然後去彌補，提高自己，那麼失敗就成為你寶貴的財富，它能幫助你找到成功的鑰匙。

風靡全球的《哈利波特》，它的作者J．K．羅琳在哈佛大學演講時這麼說道：「哈佛大學學生可能沒有經歷過什麼失敗，以致於在你們眼裡的失敗就是一般人眼裡的成功。但我想告訴你們，失敗總有一些意想不到的好處。」

羅琳出生於一個貧窮的家庭，絕不是人們想像中的書香門第，她的父母從未上過大學，並且一心希望她成為一個有專長的勞動者，日後有一個穩定的工作，有固定的薪水，可以按時償還房子貸款，不用再過這種被貧窮所困的痛苦日子。當父母把羅琳撫養至上了大學後，她卻對學校的課程沒有一絲興趣，只喜歡一個人趴在咖啡館的桌子上寫故事。她父母對此非常失望，把她寫書的興趣看成是一種怪僻，一點也不看好她的將來。

那時的羅琳，只專注於她的書，沒有任何專長的她不害怕失敗嗎？不，她對畢業生們承認說，「當我像你們這麼大的時候，我最害怕的並不是貧窮，而是失敗。」那些可怕的失敗還是轟轟烈烈地來了，畢業後第七年，短暫的婚姻結束了，工作也選擇放棄了她，羅琳「光榮」地成了除了無家可歸的乞丐以外當代英國最窮的人。

在這樣的失敗中，羅琳反而冷靜地細數自己還擁有什麼，「我還活著，而且，我還有一個我喜愛的女兒、一個舊打字機和一個大理想。」自由、堅強的意志、寶貴的友誼。她懂得了要歷經艱辛才能獲得的財富是最真實、最動人的。這樣的信念讓她從未放棄。

羅琳這樣解釋失敗的好處：「簡單地說，是因為失敗會為我們揭去表面那些無關緊要的東西。我不再裝模作樣，終於重新做回自己，開始將所有的精力投入到自己唯一在意的作品中去。如果我之前在其他的任何什麼方面有所成功，恐怕都會失去在自己真正歸屬的舞臺上獲得成功的決心。」

什麼是真正的失敗？羅琳這樣說：「如果你因為生活謹小慎微而沒有任何失敗，那麼這樣的生活還不如沒有經歷過。這樣生活的本身就是失敗。」

一個人真正能接納自己失敗，並且不放棄，仍然堅持努力尋求的成功，才是真正的成功。那些有偉大成就的名人經歷無數常人想像不到的困難而成功的例子，實在是多不勝數，人的一生，不可能是一帆風順的，通往成功的道路有時異常曲折，只要謹記失敗並不可怕，它是通往成功之路的基石，是一種人生的累積，讓我們學會站在一個新的起點，重新出發，讓下一步走得更加踏實。而可怕的是，當你面對失敗時選擇了消極懈怠的方式，一定要學會振作精神，認真想想每一次欠缺這對你的未來發展有什麼樣的經驗和教訓，內心應該相信「不經歷風雨，怎能見彩虹」。

威爾許少年時曾是球隊副隊長，有一次，球隊竟然接連而來七連敗，威爾許沮喪、憤怒，心中的挫敗感強烈得無以復加，年輕氣盛的他將球棍奮力地摔向球場對面，徑直往更衣室走去。

但這時他父親卻突然出現了，毫不留情地一把抓住他的衣領，大聲吼道：「你這個窩囊廢，如果你不知道失敗是什麼，就永遠不會知道怎樣獲得成功。如果你真的不願意知道，你就最好不要來參加比賽。」

失敗後的極端憤怒下，又遭到這樣的羞辱，威爾許開始時心裡非常不服氣，也想不通，但值得慶幸的是，過了一段時間的沉澱，他明白了父親的用心良苦，這一段往事反而成為他的寶貴經驗。

商場的競爭是激烈的，威爾許學會了如何面對失敗，怎樣在失敗後總結經驗與教訓，奮發圖強，最後才能成為成功的世界五百強總裁，取得輝煌的成就。

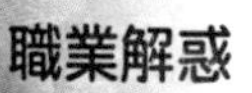

第6節 不為自己的失敗找藉口，學會冷靜對待

據說，世上有兩種人：一種努力辯解，一種努力表現。

低薪的人和高薪的人比較，總是拿短處去比長處，缺點去比優點。比到最後，高薪者擁有全世界，低薪者一無所有。其實，這是因為因為高薪者堅定了自信，不怕承認弱點；低薪者承認自己的弱點，是為了找理由為自己微薄的薪水開脫；富人、高薪的人承認自己的弱點，卻是為了證明走到這個位置的艱辛和自己能力的強大。

不能命中靶子絕不歸咎於靶子。從上文的例子中我們可看出，高薪成功的人士雖然都曾經歷了失敗，但當他們處在失敗的困境時，沒有一個會為自己找藉口，俗話說：「一個人做錯事時為自己找藉口永遠是最容易的。」像上文中的阿靜，她完全可以用這個樓房本來就不受歡迎、自己沒有經驗、現在運氣不夠好等做為失敗的理由。但她沒有，相反的，她進行了自我反省，並向前輩學習，找出自我差距，進而獲得了成功。

事實上，找藉口是人類根深蒂固的劣根性弱點，很難根除。也許，它或多或少能給失敗的人一點心理上的慰藉，但這是一種不願意面對現實而採取的逃避問題的方法。很多人習慣用藉口來保護自己，卻沒想到，自己有一天卻被這些藉口吞噬了自己的潛力、成就。

有一位著名的籃球運動員，小時候他經常和父親切磋比賽，由於年紀還小，技藝不精，每次都輸給父親，難為情的他每次都為自己的失敗找出藉口。有一天，他又一次輸給了父親，剛想習慣性地開口為自己辯解，父親阻止了他的說話，並且嚴肅地對他說：「失敗了，是你技術不夠好，沒有理由為自己找藉口，為什麼你就不能正確的認清自己在技術上與別人的差異，找出差異的原因，為成功找出最佳的方法呢？」這句話猶如醍醐灌頂。

從那以後，他再也不找藉口了，踏踏實實的苦練，不斷汲取別人在技術上的精華，補其不足。終於有一天，他贏了父親，不為自己的失敗找藉口的精神始終激勵著他前進，就這樣，他成為了世界上著名的籃球運動員。

如果你習慣了在每次失敗時都找到理由，給自己找臺階下，那你就永遠不可能成功。哈伯德說：「對我而言，這始終是個謎，為什麼大家花那麼多時間處心積慮捏造藉口、搪塞自己的弱點、欺騙自己？如果時間用到不同的地方，同樣的時間足以矯治弱點，然而藉口就派不上用場了。」

無法成功的人都有一種共同的特徵，就是能挖掘出導致失敗的所有理由，而且抓著這些他們相信是萬無一失的藉口不放，以便於解釋他們為何成就有限。「沒有任何藉口」是美國西點軍校兩百年來奉行的最重要的行為準則，亦是西點軍校傳授給每一位新生的第一個理念。它強化的是每一位學員要想盡辦法去完成任何一項任務，而不是為沒有完成任務去尋找藉口，哪怕是看似合理的理由。成功者不需要藉口。不願意嘗試失敗的人，也不會有成功的機會。

費拉爾對他的好友山姆忿忿地說：「我要離開這個公司。我恨這個公司！」

山姆建議道：「我舉雙手贊成你報復！不會愛才、惜才的破公司一定要給它點顏色看看。不過你要是選擇現在離開，那你就失去了一個報復的最好時機。」

費拉爾不解地問：「為什麼？」

山姆說：「如果你現在走，公司的損失並不大。你應該趁著在公司的機會，把公司的貿易技巧、商業文書和公司營運完全搞通，然後拼命去為自己拉一些客戶，成為公司獨當一面的人物，然後帶著這些客戶、這些資訊突然離開公司，公司才會受到重大損失，非常被動。」

費拉爾聽從了山姆的建議。他暗自努力工作，半年多後學會了很多東西，並且獲得了許多的忠實客戶。

再見面時，山姆提醒費拉爾：「現在是時機了，要趕快拍桌子不幹哦！」

費拉爾卻淡然笑道：「老闆跟我長談過，準備升我做總經理助理，我暫時沒有離開的打算了。」

就像費拉爾一樣，很多人因為工作不如意，就把責任推給公司，藉口成了工作不好的溫床，製造藉口和託辭成了他們的最愛，但他們卻沒看到，如果你足夠努力、用心，公司就會願意給你機會。

在職場中，犯錯在所難免，但問題出現後就要積極、主動地加以解決，而不應該是千方百計地尋找藉口，這樣的話很容易造成工作績效下降，導致工作任務荒廢。比如，有兩人在同一個店裡銷售同一類商品，他們的銷售成績都不是很好，其中一個人給自己找了許多藉口：產品不好、客戶沒有需求、客戶不聽我電話、客戶不聽我解釋、我對產品的功能瞭解不夠，甚至是我們的產品太貴等等。而另一個人沒有放棄，他努力學習前輩的做法，在業餘時間經常翻閱這一類的書，最後成為了銷售冠軍。

銷售冠軍之所以成為佼佼者，不是因為他們失敗得少，而是他們失敗得足夠多，被客戶拒絕得足夠多，而他們會更加努力地工作，截人之長補己之短，堅持不懈地醞釀和累積，終會使他們的成交量足撐他們成為銷售冠軍。那麼老闆很可能會留下那個銷售冠軍重用，而另外一個能陳列出一大堆藉口的，就有被解雇的可能了。

藉口不是擋箭牌，一旦犯錯，就拿出這塊擋箭牌，找一些冠冕堂皇的理由，來換取原諒，掩蓋過失，長此以往，人會變得疏於努力，而只記得找藉口了。當你遇到挫折時，只要記得一個原則，那就是堅持，永不放棄，擁有堅定而執著的心才是最重要的。

這個原則也可以解釋為：不為失敗找藉口，只為成功找理由。

第7節 關鍵是有從失敗中汲取經驗和教訓的能力，你會比別人更強大

義大利龐貝古城發生火山爆發時，發生了很多感人的故事，其中有一個就是盲女救人的故事。龐貝古城裡有一個盲女叫倪娣雅，她雖雙目失明，但從不自怨自艾，靠自己每天走街串巷地賣花為生。後來，當維蘇威大火山爆發，龐貝城面臨一次大地震時，那時正是午夜，整座城市成了一個人間地獄，暗無天日，到處都是火山的熾熱濃漿和倒下的房子，人們驚惶失措地奔逃，尋找出路。倪娣雅雖然什麼也看不見，但多年走街串巷的經歷幫助了她，再加上失明人獨有的敏銳感覺，讓她竟然找到了出路，而且還救了很多人逃生。

有一個成語叫做「蚌病成珠」，海蚌因為沙子進入到體內，傷口的不斷刺激讓牠不斷分泌出眼淚來療傷，這是一個非常痛苦的過程，但如果牠未經過沙的刺痛，又怎能生成溫潤美麗的珍珠呢？這亦是對生活最貼切的比喻。任何不幸、失敗與損失，都有可能成為我們有利的因素，就看你是讓失敗把志氣磨盡，還是跌倒後站起來拍拍身上的塵土繼續奮力前

行。

失敗能幫助我們認識自己，知不足方能求奮進，越挫越勇，才能不斷靠近人生的每一個目標。我們在生活和工作中遇到挫折時，該怎樣從中汲取經驗和教訓尤為重要，這樣的失敗才有意義。上帝在關上所有的門時，一定會打開一扇窗，關鍵是你是否有留意那扇窗的眼睛。每次失敗時人難免會有一段沮喪、懷疑自己能力的時期，但我們不能只是搥胸頓足，而是要盡快靜下心來，分析自己為什麼失敗。失敗也是一種高度，它累積的都是你人生路上一個個深深的腳印，讓我們反思，讓我們一步步地改進，到達一個新的起點，蓄勢待發，最終達到完美。

有一次，沃爾瑪在路上剛巧碰上一家公司在清算關門，他便立即打電話回公司，命令員工馬上來開會。別人很不解沃爾瑪為什麼突然要找員工來開會。沃爾瑪這樣回答：「我要員工學習他們的失敗之道。為什麼生意這麼好做卻要關門，肯定有不少教訓和經驗！」事實上，在體壇中，很多聰明的教練在選手失利時不會責備和呵斥，反而會安慰、勉勵他：「相對於贏得比賽來說，經驗更加重要。」保全了選手的信心，這樣下一次會更容易成功。

有一句話說：「在同一個地方跌倒的人是愚笨的。」在哪裡跌倒，不僅要立刻站起來，還要找到為什麼跌倒的原因。不要懼怕失敗，該懼怕的是再次失敗。當你知道你為什麼失敗了，才找得到該怎麼設定下一個努力的目標，怎麼選擇下一步的路，這也顯示了你向成功又靠近了一點。如果我們不反思所犯的錯誤，註定還會重蹈覆轍。失敗永遠比成功寶貴得多，尤其是對尚年輕的人們來說。會從失敗中汲取經驗和教訓的人才是聰明的人，一個人的成功需要善於總結和勤於累積。同樣地，我們也可以在別人的失敗中汲取經驗和教訓，因為這同樣是寶貴的一節課，要在戰略上藐視失敗，在戰術上重視失敗。先研究錯誤，糾正錯誤後再借鏡完善。

某個公司的電子資訊部因經營不善、財政困難，最後被公司選擇遺憾地撤下了，曾經這個電子資訊部是公司的金字招牌，也獲得過輝煌業績，為何最終淪落到如此沉痛的下場，公司迅速開了一個集體會議討論。資訊部包括研發部、行政部、採購部、市場部、生產部等幾個部門的相關人員都紛紛到齊了。剛開始，這些部長站起來，每個人都講述了一段關於本部門的悲慘故事，列舉了一大堆讓他們無法達到銷售業績的種種困難，經濟不景氣、資金缺乏，市場競爭激烈，現在的顧客越來越挑剔了等等。在一旁坐著的老闆，聽得越久臉上的烏雲越積越多，最後大力地一拍桌子：「你們現在的銷售環境和三年前一樣，同樣的繁華地位，同樣的銷售對象，同樣的條件，為什麼銷售業績卻一年不如一年。這不是你們的錯還是誰的錯？不要再為自己找藉口了，關鍵是說出你們自身的問題來！」

一看老闆生氣了，各部停止了「踢皮球」，只好立刻呈出自己的報告，研發部首先交出了他們的報告：1，由於待遇等問題，研發技術人員嚴重流失，紛紛跳槽，研發力量大大削弱。2，研發人員的流失導致研發能力的嚴重缺失，產品更新換代嚴重延遲，跟不上時代的最新發展。3，產品規劃缺少方向性，需要設計出怎樣的數位產品？需要怎樣的設計理念？如何突出公司數位產品的特色？看不出來數位產品的設計一直在遵循什麼樣的理念，沒有特色，沒有創新，只會循規蹈矩，沒任何市場競爭優勢，也就造成了嚴重的客戶流失。4，研發成本巨大，開一個模具都要花費幾十萬，但由於專業終止和失敗等原因，造成這樣的浪費卻發生過幾次，讓公司損失甚巨。不但是對公司資源的浪費，也是對社會資源的浪費。如何改善這種境況，怎樣做才能避免這樣的情況發生，各位員工集思廣益，提出了很多的好點子，最後在老闆的總結下，找到了解決的方案。一是針對人才流失嚴重情況，可以相對提高人才的待遇，並且整個部門乃至全公司都要建立起完善的激勵機制，用馬斯洛的需求理論來說，就是滿足他們被人肯定和受人尊重的需求，這樣比單純的薪水更容易吸引他們。物盡其用，人盡其才，做起事情來才有幹勁，也不會讓他們失去工作熱情，只想著跳槽。當然，光有激勵機制還不夠，人才流失問題還有一個關鍵，就是缺乏人性化管理與和諧的人文氛圍，這也是公司需要完善的地方。

緊接著行政部、採購部、市場部、生產部也拿出自己的報告，坦誠自己在工作中的失誤和原因，像揭發了一些嚴重的商業賄賂，平時工作上的漏洞百出，投入到市場的廣告費太少，無法塑造出良好的市場形象，宣傳也不夠，根本不可能給消費者留下良好深刻的形象。不夠關注市場變化而即時改變，推出新品活動、降價活動都只會跟在別人後面，就這樣市場比例被殘酷地逐漸蠶食。針對每一個問題，大家都想到了相對的解決辦法，沒想到原本以為是一個嚴肅的檢討會，最後讓每個人都覺得滿載而歸。

這是一個公司的總結報告會議，透過公司的電子資訊部失敗經營，具體問題具體分析，對一個個部門分別分析了其中失敗的原因，然後又分別找到了解決問題的方法。做為員工也一樣，當我們在工作中遇到挫折時，最好用筆列出一份自己失敗的原因，然後在相對寫出解決的方法，列出計畫、目標，然後再落實到行動去做，那你就不會再在同一個地方跌倒了，同時也擁有了一筆屬於自己的財富。同樣，如果你看到身邊的人失敗了，也可以暗暗地把他所犯的錯誤記下來，提醒自己不要犯同樣的錯誤。

村子裡有個漁人被稱為「漁王」，他是一個名副其實的捕魚高手，有著一流的捕魚技術，然而當「漁王」年老的時候卻非常苦惱，俗話都說龍生龍，鳳生鳳，但他的三個兒子的漁技卻都很平庸。

「漁王」怎麼想也想不通，於是去找了個村裡的智者請教：「老師父呀，你是我們村裡最聰明的人了，請幫我解答一下疑惑吧！我真不明白，誰都知道我是漁王，我捕魚的技術是最好的，沒想到我的兒子竟然一點也沒有遺傳到。並不是我狂妄自大，自以為我漁王的兒子就不用教了，我是毫無保留傾囊而授啊！從他們懂事起就傳授捕魚技術，從最基本的東西教起，教他們怎樣織網最容易捕捉到魚，怎樣划船最不會驚動魚，怎樣下網最容易請魚入甕。他們長大了，我又教他們怎樣識潮汐、辨魚汛……難道上天就讓我『漁王』的兒子沒一點捕魚的天賦？」

智者聽了他的訴苦後，沉吟了一會兒問：「你真的一直親自教導他們，從沒有離開過他們嗎？」

「是的，我一直都教得很仔細、很耐心。」

「照這麼說來，他們一直跟隨在你身邊，從沒有過獨自補魚的經驗嗎？」

「是呀！只有跟在我身邊才能學到我最好、最完善的人生經驗，如果自己摸索就會走很多不必要的冤枉路，我年輕時就受過很多這樣的罪，所以一直讓他們跟著我學。」

智者嘆了口氣說：「這就對了，這不是上天沒賜給你兒子天賦，而是你自己造成的後果。你能傳授給他們最好的技術，但你傳授不了最重要的一部分，那就是教訓。他們肯定是有天賦的，但沒有經過磨練，沒有做過錯事就沒有得到深刻的教訓，他們仍然是紙上談兵，無法成大器的！」

失敗乃成功之母，誰說失敗者就被折斷了雙翼，再也不能翱翔了呢？世界上偉大的音樂家貝多芬尚有句名言：乞求失敗。沒有經歷過風雨的種子不會長成成熟的果子，沒有經歷過失敗的人生不是完整的。我們要做的是靜下心來，總結出經驗和教訓，那你會比別人更強大。

小測驗——你在職場中有什麼缺點？

題目：如果有一晚你突然做了一個噩夢，夢中可怕的情境與現實真假難辨，你覺得這樣的場景會出現在哪裡？

1. 陰暗潮濕、氣氛詭異的地下室之中
2. 亂葬崗中
3. 找不到出口的山洞裡
4. 高塔的頂端

選「陰暗潮濕、氣氛詭異的地下室之中」

現在的你最需要的就是獨立，你老是戒除不掉依賴主管、同事的毛病，老是要別人幫忙，要你獨立作業，真是太困難，小心成為辦公室的超級寄生蟲噢！

選「亂葬崗中」

現在你最重要的是要控制自己的情緒EQ，你容易發脾氣或者突如其來的沮喪，可能會造成同事不小的壓力，請多學會控制一點，這樣的情況一多了，可是會討人厭噢！

選「找不到出口的山洞裡」

你缺乏自信心，明明大家都已經肯定你的能力了，可是要你負責新工作，就會讓你感到害怕，建議不要慌了手腳，冷靜面對從頭處理，不僅會建立起自信心，更會讓人刮目相看噢！

選「高塔的頂端」

你總是害怕面對突如其來的變化，突然感到心慌，甚至會表達出反彈的意見，這樣有點太情緒化了，請加強你的辦公室EQ，應該會讓工作更順利，大家也能接納你的意見。

民國
銀行
CM783455
壹仟圓

第三章 職業技巧

拿高薪難度有多「高」

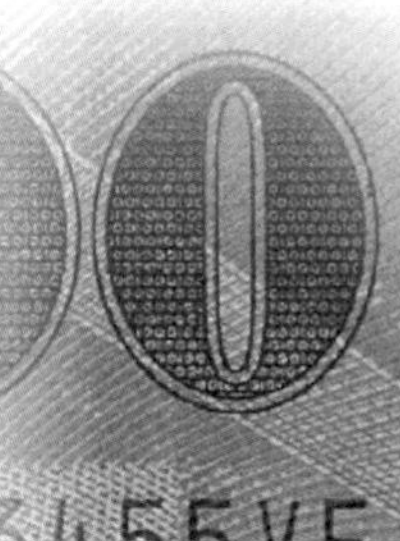

對自己進行了清晰的職業定位，瞭解在職場中可能遇到的困惑，並努力避免，我們應該開始知道有什麼職業技巧了。勤勞本分固然是不可或缺，但一味埋頭苦幹、循規蹈矩也不行，老闆真正喜歡的並不是這種類型的員工，所謂「磨刀不誤砍柴工」，掌握實用的職業技巧，才能幫助你在職場中盡情展現自己的才華、大放異彩，成為老闆眼中的大紅人，千方百計要留下的人才。

不要以為職場有多麼殘酷，動物界也是一樣的。沙漠中母狐狸養下了一窩小狐狸，悉心照顧著牠們成長，但當小狐狸長到能獨自捕食的時候，母狐狸就會把牠們統統趕了出去。有時候小狐狸還戀家，不肯離開的時候，母狐狸就會毫不留情地對小狐狸們追著、咬著攆走，沒有一絲母親的溫情。這次，小狐狸中有一隻是瞎眼的，但是媽媽也沒有讓牠留下，照樣狠心地趕走。因為媽媽知道，沙漠中是殘酷的，適者生存，沒有人能保護牠們一輩子，小狐狸們從這一天起便長大了，那一隻眼的小狐狸被迫於生計也終於學會靠嗅覺來覓食。

張瑞敏說：「其實狼和羊都在為生存奮鬥，在奮鬥中進化，強者恆強，適者生存。永遠是『有序的非平衡結構』，如果你在競爭中被淘汰，不是競爭殘酷，而是你不適應競爭。」

每天早上，太陽剛剛升起的時候，非洲羚羊一睜開眼想到的第一件事，就是今天要比跑得最快的非洲獅子還要快，否則牠就被吃掉；而每一隻非洲獅子醒來，想的第一件事就是：今天必須比跑得最慢的羚羊要快，否則牠就會餓死。不管你是獅子還是羚羊，太陽升起的時候就要驚醒，得開始跑了。你開始奔跑了嗎？

第1節 永遠保持你積極的心態

在第一章中，我們已瞭解到心態對人是多麼重要，積極的心態有諸多好處：能激發熱情、增強創造力、獲得更多資源等。塑造一個健康向上的心態，是做好一切工作的良好開端。要相信，工作態度是可以培養和塑造的，這和天生的性格、智力等都沒有直接關聯。

一個心態積極的人，並不是看不到生活中消極因素的存在，只是學會了不讓自己沉溺其中。他們常能心存光明遠景，即使身陷困境，也能以愉悅和創造性的態度走出困境，迎向光明。積極心態的人會有知足、感恩、樂觀開朗、自信、進取的特點，積極的心態才是健康的、陽光的心態，它讓我們心境平和，擁有健康的人格和良好的人際關係，能夠適應環境，並對周圍環境做出能力所及的改變；它能幫助我們在工作中激發自己更多的潛力，更有熱情，工作效率自然蒸蒸日上。所以查爾斯·施瓦布曾這樣說過：「如果對工作缺乏熱情，只是為薪水工作，很可能既賺不到錢，也找不到人生的樂趣。」員工對自己的薪水抱著很高的期望很普遍，但如果只將薪水當成是你衡量一切的標準，那你是被暫時的利益驅使，很可能你的積極態度也不能恆久保持。

一個人如果是消極的，在工作上的外在表現就是委靡不振，經常擺著一張苦瓜臉，若態度形成使人產生心理反應的惰性，如對人、對事形成了僵化、刻板的態度，就會干擾、妨礙認知與判斷的準確性，容易產生偏見、成見，導致判斷失誤。

積極心態的員工是陽光的，他的口頭禪是：「我試試看！」消極心態的員工似乎生活在黑暗時代，永遠對自己、環境抱悲觀態度，他們的口頭禪是：「我不行！」、「這不可能！」

如果心態不平衡的話，工作時就會一味地埋怨、發牢騷，找各種理由不去完成，並且時常會覺得自己得不償失，貢獻大回報少，這也不稱心，那也不如意，什麼都看不慣，什麼都不滿意，久而久之就會產生了不良的工作態度。

不要每日都是一張苦瓜臉，要試著從工作中找尋樂趣，從你的職業中找出令你感興趣的工作方式並嘗試多做一點。試著多加入一點熱忱，可能你就只欠這麼一點點。就像樂觀主義看到半杯水，會說杯子裡還有半杯水，而悲觀主義者看到半杯水，則會說只剩半杯水了一樣。但消極心態者更糟糕的是，他只會坐著自怨自艾、怨天尤人。而積極心態者則會努力尋找另外的水來填滿另外半杯水。工作中要有朝氣，表現出開朗活力的樣子，讓工作環境洋溢蓬勃生氣，畢竟沒有一個老闆喜歡那些提不起精神的人。

《誰搬走了我的乳酪》（Who Moved My Cheese）曾經是一本風靡全球的暢銷書，它講述的故事是這樣的：有一個迷宮裡，住著兩隻小老鼠和兩個小矮人，他們在迷宮裡歷經千辛萬苦尋找到乳酪C站，並在附近安居，然後就在這裡生活了下來。可是有一天，他們突然發現賴以生存的乳酪不見了，兩隻小老鼠於是非常積極主動地穿起跑鞋就去尋找另一些乳酪。兩個小矮人卻覺得這一定是別人跟他們開玩笑，於是他們只是坐著，沒有採取任何行動，而消極地等待。就這樣過了幾天，他們沒有等到他們的乳酪，於是感到了困惑：「誰搬走了我的乳酪？」還好，後來另一個小矮人開竅了，與其這樣盲目地等下去還不如行動起來，到迷宮深處去尋找新的乳酪，在這樣的環境下，他克服了自己的心理壓力和同伴的勸阻，終於找到了新鮮的乳酪，他的成功使他悟出了一個道理：「隨著乳酪的變化而變化。」

老闆當然是喜歡積極心態的員工，不僅因為他們有熱情，而且一個人無論積極、消極，都會很容易感染影響到身邊的人，所謂近朱者赤，近墨者黑，如果整個團體被一、兩個積極員工帶動起來，整個團隊很容易成為一個更高效率的組合。顯而易見，積極員工當然無論是在團體中還是上司眼裡都是最受歡迎的，沒有人願意和一個整日擺著一張苦瓜臉的人一起工作。

心理專家指出：要想達到成功，有幾個關鍵點我們要做到。首先是培養具有吸引力的個性，也就是培養出令人愉快的個性。如果想培養出這種個性，你就要改善二十五種個性，而積極心態就是其中具有吸引力最重要的個性。這也是要培養令人愉快個性的最基本一點，做到這一點並不難，就是在任何環境、任何情況下保持積極心態，這種心態是由「正面」的性格因素所構成的，諸如「信心」、「希望」、「樂觀」、「勇氣」、「進取心」、「慷慨」、「耐性」、「機智」、「親切」，以及「豐富的常識」。

積極心態能夠潛移默化地改變你說話時的語氣、姿勢和表情，左右你的情緒，甚至慢慢改變你的思想。消極心態卻會冷卻你的熱情，阻撓你的想像力發揮，讓你變得不願意與人合作，不能控制自己的情緒，常常發怒，並且變得有些不講道理。

消極心態對人的破壞力如此之大，如果你帶著消極心態出來和人競爭，它只能為你樹敵，並且摧毀你和朋友或者客戶之間的信任，進而破壞你的事業。任何時候，採取消極的態度面對工作，獲得的只能是平庸的結果，而以最佳的精神狀態工作，不但可以提升你的工作業績，而且還可以給你帶來許多意想不到的收穫。所以我們可以看出，強化自己的積極心態是多麼重要。

一個人的工作態度，反映出這個人的人生態度，而態度決定成就。當你帶著積極的態度去工作時，你會兢兢業業地對待著自己的工作，無畏任何問題，樂意尋找解決問題的方法，不會逃避、推卸責任，漸漸地就會發現，很多人都把你當作優秀員工的典範了。而如果你只是消極地認為你和公司之間只是等價交換的關係，工作只是你養家糊口的差事，不用多認真，對它沒有一絲熱情，只像老牛拉車般，不求有功，但求無過，缺乏挑戰的勇氣，做事謹小慎微，對責任、難題一躲再躲，那你在公司也不可能有很好的發展了。

一九六八年，美國心理學家羅森塔爾和賈可布森做了一個有趣的實驗：他們來到一所鄉間的小學，非常嚴肅地對所有的學生進行智力測驗。然後他們隨意地擬定了一個名單給相關的老師，告訴老師們這些學生有著很深的潛力，並囑咐他們一定要對此保密。但八個月後，奇蹟產生了，這些名單上的孩子們，每個人都有著令人難以置信的進步，成績飛速地提高，性格活潑開朗，與老師也有非常和諧融洽的關係。這些孩子還是原來那些平凡的孩子，為什麼卻有這麼大的進步呢？這是因為老師看到心理學家提供的名單後，堅信他們是不尋常的孩子，於是產生了一種積極情感，他們的深情在教育過程中發揮到極致，於是教育中變得更循循善誘，也更有耐心，他們的教育水準因此發揮到最好，讓這些孩子們如沐春風，感受到老師對自己與眾不同的感情，孩子們變得更自信，而取得了顯著進步。羅森塔爾和賈可布森將這個實驗命名為「皮革馬立翁效應」。這是來自於希臘一個美麗的傳說，皮革馬立翁是一個王子，傳說有一天他無意中看到了一個少女的雕像，於是他被迷住了，而且義無反顧地愛上了她，因此他日夜站在雕像下熱誠地期盼著，沒想到，有一天奇蹟終於發生了，雕像變成了一個活生生的少女，她被王子的深情感動，而與他結為連理。這也是至深至誠的心產生的奇蹟。

事實上，「皮革馬立翁效應」是典型的良性心理暗示作用，亦即積極的心理暗示作用。積極的心理暗示，會對人的情緒和生理狀態產生良好的影響，調動人的內在潛能，發揮最大的能力。

美國每年都湧入無數的移民者，但並不是每一個移民都感覺到了天堂，迪克也是其中一個移民，他雖然已經三十歲了，但找不到任何工作，無所事事，靠政府救濟金生活，連個安身的地方也沒有，只能無奈地每天在公園裡躺在長椅上，哀嘆命運的不公。

但有一天，他兒時的朋友傑克急匆匆地過來找他，還為他帶來了一個驚喜，他告訴他：「最近我看到了一篇報導，它說拿破崙有一個私生子流落到美國，並且這個私生子又生了好幾個兒子，個子矮小講一口帶法國口音的英語。這些特徵你都符合，你一定就是拿破崙私生子的其中一個孩子。」

迪克不敢相信這是真的，自己這樣平凡又無能，竟是一代征服世界偉人的後代？但他還是很高興聽到這件可能成真的事，於是拿出身上所剩的錢，招待了傑克。

迪克很興奮地一遍遍地想：我是拿破崙的子孫。漸漸地，他相信這是一個事實，並且開始認為自己是個具有非凡才能的人。

漸漸地，迪克的人生之路開始轉向了完全不同的方向，曾經他很為自己的個子矮小和法國口音而自卑，而現在他卻為這一切而驕傲，我的祖輩拿破崙同樣依靠著他自身這樣的條件指點萬千軍隊，征服了大半個世界，我是他的後代，一定也可以成功的。依靠著這樣的信念，他告別了過去沒有價值的生活，開始了努力，在一窮二白的情況下，他白手起家成立了一家公司，克服了種種困難，經過了長久的奮鬥，把公司開得有聲有色。

公司成立十週年時，他已經有資本派專業人員去調查他的身世了，可是，結果出來了，他並不是拿破崙的後代。然而他一點也沒有因此沮喪，只淡然地說：「我是不是拿破崙的子孫已經不重要了，重要的是明白了一個成功的道理，當你相信時，它就是真的。」暗示也是一種力量，當向上的信念指引你一生的行動時，你所嚮往的所有高度都能抵達。

永遠保持積極向上的心態，就要注意以下這幾點：

一、不管做什麼事都往好處想

有兩個從小山村到東京打工的年輕人。

東京和他們生活的小山村不同，它是一座五光十色的現代化都市，可是在這裡買什麼都要錢。有一次他們上街找工作時，看到路上有很多人行色匆匆的人用錢買水喝，不由得非常驚奇。原來在東京，連水都要用錢買。

其中有一個人想：在東京，連水都要用錢買，真是個鬼地方，這樣的地方，我怎麼待得下去呢？還不如回家耕田種地算了。

另一個人卻想：東京真是一個處處充滿機會的地方，連水也可以賣來賺錢，只要用心，東京就是一個遍地金子的地方，我要在這裡用心尋找，一定能夠出人頭地，賺到大錢，讓家鄉的人都對我刮目相看。

於是兩個人中一個離開，一個選擇留了下來。

留下來的那個人經過自己的打拼，終於成了日本聞名遐邇的水泥大王——汪野一郎。

有一首小打油詩是這樣說的：忙碌有忙碌的好處，可以無暇於煩惱和瑣事，清閒有清閒的好處，可以留點時間做自己的事。位居高位自有其好處，可以多為人民服務。平常職位多有其好處，可以免去「焦點人物」的苦惱。心平氣和最重要，順其自然是常理。

有很多人都對自己的工作現狀不滿意，而滋生出許多的問題，心態也變得消極了。其實大可不必，無論你遇到什麼問題，都多往好處想想。吩咐你做簡易工作，就想想該慶幸壓力小，又容易做好；賦予你重擔在肩，就感恩主管的重用，並盡全力做好；遇到了挫折，就想能透過這次暴露自己的缺點，讓自己有機會改善自己，有更進一步地成長；即使在工作中有同事看不起你了，時常出言不遜，也會坦然地想：謝謝你特殊的「激勵」，讓我永不滿足。這才是強者所為。

二、面向陽光，不要活在過去失敗的陰影裡

過去的已經過去，我們應活在當下，擁抱現在。如果你一直記得你曾經的失敗，做什麼事情都被束縛了手腳。那失敗沒有變成你寶貴的財富，反而成為綁住你能力的繩索，這是一種可怕的消極心態的自我暗示。我們應謹記：過去的一次失敗已經成為歷史，並不代表你的能力不行，更不能代表你的現在，所以應果斷切斷過去失敗經驗所帶來的不良效應和影響，讓自己保持著積極心態工作。

三、雙眼只盯著你的目標，用盡全力去追尋它

目標是確定你努力後要達到的成果，如果你雙眼只盯緊你的目標，只專注於如何達成這個目標，就像一個運動員，只專注於終點，盡全力去奔跑，而不在意周圍的風景，不管那多麼具有吸引力。我們在工作中也應一直保持這種全力以赴的積極狀態，而不要太在意周圍的瑣碎事情，那你一定能成功。

四、與和你共事的人和善相處，組成一個信任團結的團隊

在社交中，一個人對自己、他人、集體的態度，會影響他與群體的融合程度。毋庸置

疑，緊張的人際關係，消耗精力，降低智慧，影響合作，必然降低工作績效。避免任何具有負面意義的說話形態，尤其應根除吹毛求疵、閒言閒語或中傷他人名譽的行為，這些行為看似傷害了別人，但會讓你往消極心態發展。對所有和你共事的人表現出和善的態度，卻會讓你收穫良多，因為所有人也會回報你友好的回應。幫助別人就是幫助自己，保持著面帶微笑，充滿活力，不但是人人喜歡的一張臉孔，還能讓你心情不會受人際關係問題的困擾。再者，要相信「三人行，必有我師」，積極聆聽他人意見，主動與每一個人溝通，保持言行一致。

有效溝通可以準確表達個人意見，並且能夠耐心聆聽他人意見。有時候，經由聆聽團隊其他成員的意見，也許會帶來全新的思路。此外，你還應做到言行一致。對於善意的批評應採取接受的態度，別急著消極反彈。如果你經常以

積極謙虛的態度請教他人，人家必然樂於傾囊相助。利用這種機會做一番反省，並找出應該改善的地方，別害怕批評，你應勇敢地面對它。

展現真實的自己，學會團隊成員的工作方法，學會與團隊成員和諧共事，保持樂觀開朗、積極向上的心境，懂得謙虛而不謙卑，同時，也不為過失找藉口，犯錯不認錯，不推卸責任，不破壞團隊的團結。一個信任、團結的團隊，才是無堅不摧的團隊，身為這樣團隊的一分子，你會更勇於接受一切挑戰。

一個人擁有多少並不重要，最重要的是，你打算付出多少，並且是否願意為此積極地行動，如果你在工作中也是用這種態度，那你的薪水也一定會隨之上升的。

第二節 在原地等待良機不如自主創造時機

工作中，如果你選擇的是一味等候或只被動地依照別人的吩咐做事，這是下下之策，雖然這樣看似是明哲保身的做法，因為你不用承擔責任，也不怕出錯，但想法卻是錯誤的，這是目光短淺的做法，而且也絕對很不受老闆歡迎，老闆當然也不會放心對你委以重任。我們應學會把握機會，人人都有同等的機會，就看你是緊緊握住還是與它擦肩而過了。

在迪士尼的員工培訓中有一堂特殊的課，在「生涯提升週」時，員工可以選擇上「未來生涯」課，在這堂課上老師會告訴員工，迪士尼樂園中有些什麼新的機會，以及該如何去準備它。微軟優秀員工準則第六條是，學會靈活地利用那些有利於你發展的機會。

有句哲言是這樣說的，「人生的道路儘管很漫長，但要緊處就那麼幾步。」你的人生是否成功，奮鬥固然重要，但能否抓住機遇也是十分關鍵的。機遇很有可能是你漫漫奮鬥路上的一個美好轉捩點，讓你脫穎而出。如果一沒把握住，就會扼腕長嘆，空悲嘆英雄無用武之地。而很多人在工作中可能覺得我平時老老實實工作，等到有機會，等到有一天，老闆自然就會慧眼識英雄了，其實這樣的想法太過於保守了。人們常說是金子總會發光的，但如果你自願埋進泥堆裡，又怎能讓人看到你的奪目光芒呢？有時候，把握了一次良機，就改變了你平凡命運。

毛遂是趙國平原君的門客。有一次，秦國派兵大肆包圍了趙都邯鄲，趙國身陷危險中，趙王派平原君向楚國求救。平原君準備挑選二十名能言善辯的門客一同前去，但只選到最佳的十九人。毛遂看到了機遇，便主動出來說：「我可以一同前去。以前雖在你門下已久，但你門客眾多，我從沒有機會施展出我的才華，這次我有把握一定能助君一臂之力。」平原君相信了他。果然，到楚國後，全靠毛遂的靈活機智和三寸不爛之舌，才說服了原本猶豫不決的楚王出兵，救下了被圍困的趙國。這就是「毛遂自薦」的典故。

可見，毛遂也是靠自薦才得以展現他的才華，進而成功的。當機會來臨時，當你確信你有這個能力時，不要擔心、猶豫，要勇敢自信地去握緊它。

世界飯店大王希爾頓，年輕的時候掘金熱潮正盛，他也追隨著這股熱潮到丹麥掘金，可是他很不幸運地沒有掘出一塊金子，正當他失望地打包行李準備回家時，他的慧眼卻發現了一個比黃金還要珍貴的商機，那就是在當地建旅館給這些掘金人一個安身之處，他也迅速地把握住了它。當別人都忙於掘金之時他卻忙於建旅店，就這樣他成為了有錢人，甚至比那些掘到金子的人更幸運，他也這樣一步步地成為了世界酒店大王。

別人都看得到的機會，不見得人人都抓得住。遇到一個機會，時刻思變，劍走偏鋒，說不定會得到意外收穫。

拿破崙從小聰明過人，對戰爭有著狂熱的愛好和追求，可他也不是一帆風順的，一直以來總得不到上司的重用，直到一次軍中鎮壓政變中，他天才般的軍事才得以大放異彩，因而當上軍中統帥，征服了大半個歐洲，成為法蘭西共和國高高在上的皇帝。不要天天企盼著機會會從天而降，祈禱著幸運女神的眷顧，機會是靠自己把握的，把握了今天的機遇，才能成就未來的美好。布萊克曾說過：「如果你在時機未成熟前而過急行動，你必將得去擦抹悔恨的眼淚；而如果你放過一次成熟的時機，你必將永遠抹不乾懊喪的眼淚。」

機會不一定是只有上帝才能創造的，常有人感嘆：「世有伯樂，然後有千里馬，千里馬常有而伯樂不常有。」天賜良機不是絕對的，機會你自己也可以創造出來。一味等待機遇，認為自己人生還長途漫漫，來日方長，總有一天會有人給機會，單單守株待兔地守望，這樣到頭來可能只是坐以待斃，白了少年頭，空悲切。下面就是一個成功創造出機會的例子。機遇只青睞於有準備、未雨綢繆的人，它與懶惰、不思進取的人無緣。

阿南是一名合資公司的小職員，他自認為自己空有滿腔才幹、抱負卻得不到上級的賞識，經常想：如果有一天能親自見到老闆，他就一定會知道我是應該放在重要的位置的！可惜我只是個小職員，根本就沒有機會嘛！於是他只得感嘆：風流總被雨打風吹去。

阿南的同事阿敏，也抱著同樣的想法，但他不僅僅抱怨而已，而是主動出擊，去打聽老闆上下班的時間，算好他大概會在何時進電梯，他也在這個時候去坐電梯，希望能遇到老闆，這樣有機會可以打個招呼。

他們的同事John更進一步。他詳細瞭解老闆的奮鬥歷程，弄清老闆畢業的學校、人際風格、關心的問題，精心設計了幾句簡單卻有份量的開場白，甚至算好了老闆平時上下班坐電梯的時間，在這個時段他見到了老闆，一而再的打招呼讓兩個人變得熟絡，終於有一天有機會跟老闆長談了一次，老闆對他的表現很滿意，於是給他安排了一個更好的職位。John就這樣實現了他的抱負。

成功者不僅要能牢牢抓住機會，還應更進一步，要會創造機會，幸運女神並不經常眷顧我們，如果不會為自己創造機會，只是等待，等待是沒有終止的，只會浪費很多寶貴的時間，也很難實現到最大的成功，創造機會卻可以憑你自己。愚者錯失機會，智者善抓機會，成功者創造機會。

創造機會理所當然地包含著對自己能支配的資源的充分瞭解和利用，利用合理了，機會就產生了。通俗點說，就是一句話：機會只留給有準備的人。拿破倫．希爾說過：「自動自發是一種極為難得的美德。」一個人不能只侷限於自己的工作，當你盡力用你能支配的資源為自己尋找創造機會的時候，說不定明天成功就會來敲你的門了。

為什麼有人會一鳴驚人，就是因為他們做了大量的準備工作，有備而來，不疾不徐，充滿自信地推銷自己，自然馬到成功。就像例子中阿敏和阿南，他們都認為自己是滿腔抱負，阿敏的準備是打聽老闆上下班時間，他自己也選擇在這個時候進電梯，希望有一天能遇到他；而John的準備是詳細瞭解老闆的性格愛好、所關心的問題，並且相對應地設計開場白，然後也選擇與他相同的時間進電梯，這樣的準備是非常充分的。於是，他利用到他創造出的機會贏得了比賽。創造機會而不要坐等機會。不要以為「謀事在人，成事在天」，成事也可以在人，事在人為。

「我可否在更重要的職位從事更重要的工作？」這是一位員工直接寫信給公司的老闆，提出自己的要求。這位員工就是卡羅．道恩斯，而那位老闆就是杜蘭特公司——也就是後來名揚天下的通用汽車公司總裁杜蘭特。杜蘭特看了這封信後，馬上做了批示：「現在任命你負責監督新廠機器的安裝，要按藍圖施工，看你做得如何。」卡羅．道恩斯以前從來沒有受過這方面的訓練，但他心裡清楚，如果就此退縮，可能就會錯過這個千載難逢的好機會。於是他調整好心態，認真鑽研藍圖，再找到相關人員，一起做了縝密的分析和研究，很快就搞清了工作的要點，工作進行得很順利，而且還提前一個星期完成了公司交給他的任務。對此，杜蘭特很欣賞他的能力和水準，馬上提拔他為公司總經理，年薪在原來的基礎上加了個「0」。

所以，如果你自以為滿腔抱負卻沒有施展才能的地方時，開始行動吧！一味地等待上蒼給予機會是做了時間的奴隸，「最能幹的人並不是那些等待機會的人，而是那些能創造機會、抓住機會、運用機會及以機會為奴僕的人。」

機會需要你的時刻準備。所以從現在開始，做有準備的人吧！用行動創造出機會，那麼，不管機會什麼時候來，什麼時候你可以創造機會了，你都可以隨時隨地展現出你的能力，遊刃有餘。準備需要花費你的時間和精力、聰明才智和周全的計畫。

一是努力工作，呈現出你的好業績。這樣老闆自然會關注到你，你也可以隨時創造讓自己脫穎而出的機會，比如主動要求更有難度的工作等。

二是確定自己在某一方面已經有更大的發展潛力了，也可以為自己創造機會。

三是比同事們做得更好，又不驕縱，保持謙遜的態度待人，讓同事也衷心敬佩你。如果說工作業績是晉升的硬體條件的話，那麼人際關係就是晉升的軟體條件，千萬不要言而無信，否則會讓所有與你工作上有關係的人都生活在消極情緒之中。

四是在重大事件上臨危不亂，展現出你的靈活應變和能力。在別人束手無策的時候，不管情況如何變化，你都要有一顆冷靜的心，主動請願。

有一位市場一線的女員工，當時她所在的城市碰到了百年不遇的洪澇災害，城市裡一片混亂，分公司所在倉庫裡還堆著價值昂貴的貨物，一怕水淹，二怕人搶。這位女員工當時組織剩下的幾位女促銷員（經理被洪水困在別的城市），站在齊膝深的水中，把貨物轉移到安全的地方，洪水一退，就立刻清點在經銷商處存放的貨物。不久，她就被老闆慧眼提拔了。可見，機會來臨，也要自己懂得把握。

第三節 解決公司極需解決的問題，呈出你的業績

業績，在管理學中的定義：一個組織透過高效果和高效率的利用有限的資源，來達成的組織目的稱為業績。在這裡，我們探討的是個人所做的工作業績對團隊及企業的貢獻。研究證實：在雇傭勞動的條件下，一般員工並不視生產效率為最主要的目標，這只是他們達到獲得薪水、獎金或自我實現等目標的手段。但無論如何，個人工作業績對他能領多少薪酬至關重要。

有一位化工廠的經理曾講述了這樣一個故事。幾年前，企業生產的產品供不應求，效益也不錯，許多人願意留在企業工作。但是，隨著市場環境的變化，企業生存都變得很難，留住人才就更難了。於是，這位經理在企業實行了目標責任制，即每月都會為每個生產、銷售人員制訂相對的目標，視完成情況進行必要的獎懲。一時間，員工幹勁十足。這個經理在企業繼續實行目標責任制的同時，向員工明確了企業發展的前景——一年內實現轉虧

增盈，兩年內實現員工薪水翻一番……接下來的一些福利更是讓員工心動。同時，他也明確，公司嚴禁員工的一些投機行為，違者將被開除。經過正確的目標引導，員工團結得比先前更緊密了，工作中也很少計較個人的一些得失。結果，企業當年就實現了盈利，並為員工漲了薪水。可見，如果每個員工都把自己的業績與企業利潤緊緊地聯繫在一起，企業會蒸蒸日上，員工也一定會從中得利。

拿破崙說過：「業績造就偉人。」的確如此，所有公司都把員工的業績做為衡量這個員工優秀與否的標準尺。如IBM營造了自己所稱的「高效績文化」氛圍，主要就是實行「個人業務承諾計畫」，即員工薪水漲幅多少，有它自己的參考指標，這個指標是由員工和其直屬經理共同商討制訂的，由員工自己提出，其直屬經理負責指導和監督的作用，時間期限是一年一次，這樣雙方都很清楚目標達成情況，到年終就根據你所達到的情況來決定你的薪水如何。

豐田美國工廠的員工薪水包括三個部分：基本薪水、績效獎金與業績分紅三個部分。基本薪水是與其他行業的基本工資水準一樣的，而且每個員工在豐田三年後，小組的所有成員都拿一樣的基本薪水。每個員工的最終薪水不一樣就是看績效獎金和業績紅包了，而這兩個部分與員工取得的業績息息相關，績效獎金表示完成預定改進所獲得的額外收入。其實就是你做得比一般要更好，就能拿到，這完全在員工的掌控之中，所以說薪水是由員工自己決定的。業績分紅每半年發一次，主要是由銷售業績決定。管理人員也會事先制訂好個人發展計畫，做為能否享受業績分紅的參考指標。

而在GE，公司在新員工的入廠教育中，就早早地告訴他們：業績在GE的企業文化中扮演的是最重要的角色。每個員工從進入GE開始，衡量員工是否優秀就要看他在GE的業績如何、為GE做的貢獻大小，所以GE並不在意員工的學歷或是過去，因為他們堅信：員工在公司裡現在及今後的表現才是最重要的。

不管是任何企業，都會讓員工的薪酬與員工的業績產生關聯，業績是企業的生命，你為公司創造越大的業績，公司也會相對地給你越多薪酬。企業都是把員工的業績當作員工的重要素質標準之一。因為員工的業績決定公司的利潤和生存，企業沒有業績根本談不上生存，又自然無法給員工提供具有前瞻性的職業發展空間。那些拿到誘人薪水的員工，都是有著讓人望其項背的業績。

有一本書中寫道：「沒有能力為企業業績做貢獻的人，就沒有資格要求企業給予回報。

以業績為取向是企業的生命線。贏得好業績，無論對公司還是個人來說都是能夠保持優勢生存。放棄了對業績的堅守，就是放棄了生存的底線。」對於你的能力究竟如何，口說最無憑，只有業績是最好的證明，既體現出你的個人價值，也最能說服老闆為你加薪。

世界著名企業家通用的前CEO傑克．威爾許，提出了「生存第一、絕對競爭」的觀點。市場的邏輯就是一切憑業績說話，企業必須要用優異的業績來表現自己強大的競爭力，稍有懈怠，就只有被淘汰出市場了。這也就是為什麼差異化顯得這麼重要了。他說：「要想獲得晉升，就要交出動人的、遠遠超出預期的業績。」威爾許在談論他的管理祕訣的時候還說道，他認為在公司舉步維艱時期，管理者也必須使盡一切辦法留住公司的優秀員工，同時毫不留情地讓那些最差的員工走人。「留得青山在，不怕沒柴燒」，這些優秀員工才有能力幫助公司度過難關，是讓公司東山再起的重要依靠。

能人還是庸人？從平庸走向出色，靠的是業績。業績才是硬道理，才是你的核心競爭力。中國聯想集團有限公司董事局主席柳傳志說過：「我不會用言語去回應質疑，我只用具體的業績贏取信任。」在企業裡，不管你學歷是好是壞，相貌是美是醜，能做出好業績的就是好員工。物競天擇，適者生存，如今競爭如此激烈，只有和企業一起創造業績，才能生存發展下來。所以對員工來說，一切工作以業績為導向。

一個成功學家曾經聘用過兩名年紀相仿的女孩當助手，結果卻大不相同。這兩個女孩的工作就是替他拆閱、分類信件，薪水與相關工作的人員相同。

其中一個雖表現得很忠誠，但工作上卻是一團糟，就連分內之事也不能做好，結果這個成功學家很快就解雇她了。

另外一個女孩不僅忠誠，而且聰明、勤奮，不僅把分內工作做得妥妥貼貼，還常常不計報酬地做一些並非自己分內的工作——有時看老闆忙不過來會主動替老闆給讀者回信。她不是隨便寫寫而已，還會自己一絲不苟地研究成功學家的語言風格，以致於這些回信和老闆自己寫得一樣好，有時甚至更好。她一直堅持這樣做，日久天長，老闆自然就注意到這個冰雪聰明、能幹的女孩，有一天，成功學家的祕書因故辭職，成功學家第一個就想到了這個女孩是最佳人選了。

後來，這位女孩優秀的能力引起了更多人的關注，其他公司紛紛提供更好的職位來挖角。由於她比較忠誠，而且為了挽留她，成功學家也多次提高她的薪水，與當一名速記員時相比，女孩現在的薪水已經是當初的四倍。

這就是老闆想要的員工。他只需吩咐員工完成一項任務，下次見到他時，不僅出色地完成了，而且還主動去做另外一些對的工作，並且同樣出色地完成了。

人與人的差距的確無所不在，但我們不要和別人比，只和自己比。那怎樣才能不斷提高自己的業績呢？首先要勇於為自己制訂具有挑戰性的績效目標。優秀的員工不但與同事比賽，他們還不斷挑戰自己，把自己最大的潛能發掘出來。沒有目標地工作，容易盲目服從老闆的指令，像個昏昏欲睡的瞌睡蟲，振作不起精神來，工作沒有效率。而為自己訂立了績效目標，就會信心百倍，追求盡善盡美，跌倒也會立即爬起，意志堅定地完成驚人的績效目標。總之，富有挑戰性的目標對於提高業績至關重要。像《送信給加西亞》（A Message to Garcia）的羅文，他什麼都不確定，不知道那個將軍隱藏在哪個環境惡劣的具體位置，不知道那個將軍長什麼樣子，但他沒有問上司任何問題，不需要上司親自全程指導，就出色地完成了任務。

我們要對自己要求完美，永不滿足，永遠有向上的力量，這樣才能以最高標準嚴格要求自己的工作。在職場中，保持著滿足的狀態是不行的。魯迅說過：「不滿足是向上的車輪。」要想達到更高層次，就必須精益求精，才能在職場中立於不敗之地。比爾．蓋茲說：「能為公司賺錢的人，才是公司最需要的人。」勳章只授予戰功赫赫的將士，高薪僅屬於業績卓越的員工，創造一流工作業績的員工就是企業真正需要的員工。薪水多少，不是取決於你做了多少工作，而是取決於你創造了多少業績。

工作業績是企業經營者普遍認同的任職條件，也是員工唯一能得到回報的東西。「是騾子是馬，拉出來溜溜」，企業為員工提供了賽馬場，也就是為人才提供了一定的職位，看他們在實際工作中的能力高低、業績好壞。從現在開始，要做就做最好，要幹就要爭創一流，為你工作業績往上再提高一個層級做一個計畫，然後朝著這個目標努力吧！

第4節 只有業績才是你的金字招牌

一個企業，它包含以下五個要素：員工、顧客、利潤、競爭、社會關聯，而追求利潤是企業最主要的目標。

對現代企業來說，發展是他們的生命線。不發展、不盈利就會被淘汰，不前進就會被別人前進的車輪碾碎。每個員工創造的個人業績至關重要，公司是一個經營實體，必須靠利潤去維持發展，而要發展便需要公司中的每個員工都貢獻自己的力量和才智。公司是員工努力證明自己業績的戰場，唯一可以使用的武器就是業績。無論何時何地，如果你沒有做出業績，公司遲早會棄舊圖新或者對你置之不顧。

人們常說：一個成功男人的背後會有一個賢慧的女人。而在企業裡，一個成功老闆的背後則有一群業績優秀的員工，這些員工是促使老闆成功、促進公司利益的好幫手。不管經濟情況多好，每個公司都裁減那些能力不足、價值不高的員工，而一直吸納業績斐然的員工，他們才有資格獲得豐厚的獎賞。

微軟優秀員工準則的第四條準則是，與公司制訂的長期目標保持一致：1．跟隨公司的目標，把握自己努力的方向；2．做一個積極主動的人；3．獎金和薪水不是唯一的工作動力；4．把自己融入到整個團隊中去；5．幫助老闆成功，你才能成功。那麼我們應該怎樣做才能在職場中有屬於你自己的傲人業績而脫穎而出呢？以下幾點是我們可以努力的方向。

一、有正確的績效觀，堅持與企業共發展、共進退

對自己應有一個清晰而明確的績效觀，確定業績是你工作中最重要的目標。不要在任何你應該工作的時間偷懶，因為你最後呈現的會是被打了折扣的工作績效，遲早會將你的所作所為暴露無遺。世界五百強中，許多公司都要求員工樹立清晰的工作目標，並且必須對該目標進行承諾，例如IBM的個人承諾計畫，其實承諾比起計畫更有約束性和挑戰性。

他們要求員工制訂好工作目標後，首先可以試著給你的上級一個承諾，這個承諾的莫大約束性在於直接關係著員工給上級留下的印象。

然後，自己給自己一個承諾，對自己永遠應是不同尋常，超越常人。不僅做到公司期望

你做到的事，忠於責任，全心全意，還要堅持向上，超出意料，追求卓越。如果你下定決心，你付出努力，你就能成功。

有一位成功人士的辦公室裡掛著這樣的匾額：卓越就在於比別人想得更多、有更多的夢想、有更高的期望。

當你承諾完後，如果達到或超過了這個目標，會對自己有一個成就感的激勵，鼓勵自己繼續前進。如果沒有達到，也可以瞭解自己與他人的差距，激發工作幹勁，迎頭趕上，努力完成工作指標。企業需要每個人的努力才能發展得更好，企業發展得越好，自己的薪酬也會越高，兩者是緊密相連的。

二、快樂工作

哈佛大學的一項調查研究顯示：員工滿意度每提高三個百分點，顧客滿意度就提高五個百分點，而利潤可增加25％～85％。

在接受記者專訪時，聯邦快遞中國區總裁陳嘉良經常被問到聯邦快遞的成功祕訣，他給出的答案就是PSP——People（人）、Service（服務）、Profits（利潤），這是屬於聯邦快遞的重要企業文化。首先是People（人），簡單說來，聯邦快遞的員工工作非常以人為本，堅持快樂工作的效率是最高的。

這「以人為本」四個字不是說說而已，它有一套嚴格的制度來保障，其中最有代表性的是員工特殊「法庭」。如果哪個員工對上級有什麼不滿意，認為這個上級做事不公或是受到了不平等對待，可以直接越級向聯邦快遞亞太區的總裁上訴。上級必須在七日內開一個「法庭」，公開「審判」，並做出「判決」，以幫助員工維權。

不僅如此，員工還有每年給部門經理打分的重權，來做為經理們能否獲得晉升的重要參考依據。這一系列的嚴謹制度，保證了員工之間平等、民主的良好氣氛，有助於公司內工作順利進行。它有效地保證了員工與管理層之間的順暢溝通、緊密合作。

以下是中國《每日經濟新聞》報採訪調查的一部分內容：

當記者問道：「現在很多公司都已明確提出要讓員工『快樂工作』，你是怎樣解讀『快樂工作』的呢？」

陳嘉良回答得很高明：「我非常贊同你們所提出的『快樂工作』這個概念。在聯邦快遞，我們認為『快樂工作』有三層含意：

其一，每個員工每天待在公司的時間會比在家的時間長，如果員工在公司不快樂，就意味著員工一天中大部分的時間都不快樂，這樣的狀態下是不可能做好工作的。所以，每家公司都應該努力營造一種『家』的氛圍，讓公司成為員工的第二個家，讓員工能在公司得到溫暖、快樂與支持。

其二，如果員工能把公司當成『家』，就一定會希望這個『家』獲得成功，整個團隊會更加努力。「快樂工作」精神所產生的力量能夠幫助員工有勇氣克服困難。

其三，工作壓力是影響『快樂工作』的一個因素，因此需要越來越明晰的目標，知道哪些地方需要改善，工作應該如何開展，需要哪些部門配合等。經過大家共同努力取得成功，就能為每一名員工帶來成就感，幫助他們快樂工作。」

以組織行為學的理論來解釋，員工快樂表現為滿意度高，工作滿意度高與工作績效是成正比的。如果員工工作狀態是不快樂的，很難創造出好的工作績效。如果員工工作時感到沮喪、鬱悶等的消極狀態，應該盡可能地迅速拋棄所有煩惱。心理上的興奮和愉悅可以更容易戰勝工作中的困難。

一位偉大的哲學家馬爾卡斯·阿理流士說過：「生活是由思想形成的。」如果我們腦子裡多想些快樂的東西，就會更容易獲得快樂。快樂不是盲目快樂，當工作中遇到困難時，我們必須關注所面臨的問題，但是不能為此憂心忡忡，因為這對解決問題一點用處也沒有，而應該要盡力採取積極正面的態度。

快樂奮鬥的精神對人來說更可貴，更能激發人的鬥志。要做到快樂工作，應從自身做起，營造出與同事間互相尊重、互相幫助、互相愛護的和諧氛圍；瞭解自己的工作價值，瞭解每一個人都對企業非常重要，並且多做各個方面的培訓，讓自己的工作越來越得心應手，充滿趣味；每當自己達到了一個小目標，就要對自己有一個激勵，告訴自己：「我真棒」、「我可以的」，增強自己的自信，工作於你也會越來越順心。

三、合理又高效地掌控自己的時間

一寸光陰一寸金，時間的寶貴不言而喻，浪費時間就是浪費生命。學會把握時間，掌握運用時間的方法，就能夠把它的價值發揮到最大。我們要對自己的時間進行規劃，規劃的本質是什麼？是將未來帶到現在，是經由現在的行為對未來進行控制。時間管理的殺手，就是沒有計畫。很多人是在萬不得已的時候才去進行規劃，譬如工作壓力過大，工作量超標，你才想到要去進行相對的規劃，往往亡羊補牢為時晚矣。

其實，大多數成功人士對於自己的規劃，都投入了大量的時間和精力，所以，我們如果要規劃時間，就要認真對待，反覆斟酌自己的計畫。最淡的墨跡也比腦子好用，規劃的結果「寫」一下來效果更好，單單「想」是很容易混亂的，也沒有寫下來的具更大約束性。

剛開始的目標不清晰、不明確，是很普遍的情況，要經過不斷地挑選，逐漸把那些並不可取的目標清除出去，最後形成一個比較集中的目標。寫下你的目標後，還要寫下你要完成這個目標所需要的確切步驟。根據這個重要目標來確定自己的計畫，之後要按時檢查自己的計畫執行情況，免得一不小心的鬆懈導致計畫不能按時、按量完成。

你的目標中最好要有個優先次序，確定一個你認為最重要的目標，並為此花最大力氣和精力，在這個過程當中，肯定會有計畫趕不上變化的情況，遇到問題、挫折、困難時，有必要可調整計畫的部分。

微軟優秀員工準則的第九條準則是，有效利用時間，用大腦去工作。有一個時間管理叫PDCA，用這個做管理，一定能讓你在工作中起到事半功倍的效果。

P，是指Plan（計畫），平時抽出時間多做計畫，才能避免天天救火，無論有多忙，你都應該抽出時間進行規劃。一開始就應想好計畫（Plan），然後再D（Do，執行），計畫的時間是不能省的，也是你最開始的工作。然後執行（Do），如果不做，就會要花很多時間檢核（Check），最後甚至無法行動（Action）。

Plan是最開始的部分，也是不可或缺的一部分，很多人覺得自己沒有時間而省略了這一部分，那你就會很容易在一天結束後，對自己的時間怎麼用完都糊裡糊塗的，所以，應該仔細地規劃自己的時間。而一開始對自己怎樣用時間進行詳細的分析後，就可以解決這個問題。你可以試試在每天開始的時候，抽出十分鐘來進行規劃，將因此得到數倍的回報。

每天要做的事，可分成四種：急迫又重要、急迫但不重要、重要但不急迫、不重要也不急迫，確定你什麼時候體能最好，拿來做最重要的事，多數人會選擇先做「急迫又重要」的事，這是正確的做法，但很多人也會犯這樣的錯誤，那就是「重要但不急迫的事」一直拖著沒有做，有天突然變成了十萬火急的事。這時候，你就得趕去救火，要是沒救到，就會出大麻煩。職場大部分的人總是習慣著忙碌地做急迫的事，是因為缺少計畫的時間，而「重要但不急迫的事」總是一拖再拖，長此以往，就造成了惡性循環：今天要救火是因為昨天重要的事情沒做，火愈燒愈大，結果某些企劃案只能用來交差了事，實際執行卻漏洞百出的原因。

當你堅持培養規劃的習慣，你就可以成功地改變自己的時間管理方式，工作也就會變得更有效率了。

第5節 帶著服務意識去工作

某市舉辦過一次「市家電行業金牌直銷員」評比活動，由超過一百三十萬名消費者參與的網路評選中，某街口商場洗衣機銷售員陳曉涵被消費者選為「金牌銷售員」。陳曉涵做了整整七年的洗衣機銷售員，雖然換過幾次工作地點，但每一年都成績斐然。

有一次，一對老夫婦來陳曉涵的櫃檯諮詢，老太太考慮到家裡房子空間不大，又講究實惠，決定買一臺小洗衣機。陳曉涵就帶著老人來到了「小小神童」前，詳細介紹產品，教他們使用。老人非常滿意她的細心解說，而買下了產品。第二天，老夫婦又過來了，老年人記憶力不好，又忘了具體用法了，陳曉涵不惱不躁，細心詳細地再次講解，並體貼地將操作步驟畫了一張大圖給老人帶回去了，這些貼心的服務贏得了老人的心，沒多久，老人推薦自己女兒也來買了一臺洗衣機。

有時也發生了一些趣事，一天一位老太太來找陳曉涵：「曉涵，我想買個電風扇。」曉涵一聽笑了：「阿嬤，我是洗衣機直銷員，不賣電風扇……」老太太說：「我知道。但我覺得妳人好，妳帶我一起去電扇專櫃挑一挑吧！」這樣的故事還有不少。一位顧客買了不用洗衣粉的洗衣機後，因為覺得陳曉涵可信，又對她的無微不至的態度很滿意，所以讓她推薦買了同品牌的冰箱、熱水器、空調、彩電等整套產品。

說起自己能一直保持業績領先的祕訣，陳曉涵很謙虛地說：「最重要的是和顧客說通俗語言，不能照搬專業術語。」她在工作中對顧客永遠是態度熱情，講解言簡意賅，通俗易懂，而且對本身的業務清楚了然，對產品的功能、怎麼運用等資訊，自如地講解給顧客。

再看一個例子：

Mary在松下一百家電工作了很久，一直是位優秀的銷售員，深得群眾的喜歡和信賴。對於現在取得的成就，她總結出關鍵要做到服務至上，顧客第一，而實踐中，關於她堅持做好服務的法寶，她總結了兩項服務：首先是人性化的服務，即主動向顧客介紹產品，進而強化印象，增加購買率。然後她會定期回訪，為顧客解決實際問題，以此提高品牌地位；然後是個性化服務，即為顧客提供適合松下PDP的裝修方案與實例，按顧客需求配備不同長度的PDP連線。她以人性化與個性化服務的法寶來產生的親和力，使顧客對她有一見如故的感覺。看來，她的這種親和力抓住了不少顧客。

Mary說：「做一名優秀的促銷員首先要做好三點：一、為顧客創造輕鬆、愉快的購物環境，即營造出輕鬆愉悅的環境，使交易在輕快的環境下快樂進行；二、急顧客之所急，想顧客之所想，即設身處地地站在顧客方面為顧客著想，讓他感受到你的誠意；三、顧客是我們的老師和朋友；換言之：要有責任心，不僅要熱愛促銷員工作、忠誠於公司的事業，而且要時時從消費者的角度考慮問題，兢兢業業地做好每件小事，做好每一個細節。」可以看出，做好服務工作，顧客至上是重點。

服務意識是指企業全體員工在與一切企業利益相關的人或企業的交往中，所體現的為其提供熱情、周到、主動的服務的欲望和意識，即自覺主動做好服務工作的一種觀念和願望，它發自服務人員的內心，可以透過培養、訓練強化的。

人們常說：「細節決定成敗。」服務意識看起來是小事，卻是決定關鍵的重要細節。在微軟優秀員工準則裡的第二條準則是：要求員工要以傳教士般的熱情和執著打動客戶。怎樣才算是傳教士般的熱情和執著呢？具體說來，就是要站在客戶的立場為客戶著想；微軟相信：只有最完善的服務才能帶來最完美的結果。而第三條準則也是有關於服務意識的：要樂於思考，讓產品更貼近客戶：那麼你必須勤於思考，瞭解並滿足客戶的需求，如何讓產品更貼近客戶，更吸引客戶，加強他們的購買欲望。

怎樣才能真正做到服務周到？我們或許可以向我們可愛的動物朋友——海豚學習。海豚不僅IQ很高，而且還是動物中最善解人意的，因此人們親切地把牠叫成動物博士。海洋世界裡，海豚的表演是人人必看的精彩節目，海豚能準確無誤地領會馴獸員的每一個指示，表演優美的騰空跳躍，與馴獸員和諧、默契地配合無間。除了牠們的聰明外，最重要的還是善解人意，那其實也就是牠們最大的智慧。

我們也應該要像海豚一樣，善解人意，能夠瞭解並滿足客戶的需要，盡最大努力消除顧客的不滿。想客戶之所想，急客戶之所急，現代企業中，EQ已遠遠重於IQ，身為其中的一分子，善於理解他人、傾聽別人的意見，會減輕人際相處的難度，讓你更具人緣。第一是要學會站在別人的角度看問題。要想更好地瞭解別人，最好的方法就是站在別人的角度看問題。多為你的客戶著想，哪怕這事跟你沒關係。還有很重要的一點是，記住客戶的名字，因為在人們的心目中，唯有自己名字是最美好、最動聽的。

在聯邦快遞，對公司影響最大、最重要的工作理念，就是每一位聯邦快遞人每天都應該做到的「不計代價，使命必達」，這個信念被整整堅持了三十六年，從公司創立之初就被確定了下來一直到如今。「聯邦快遞，使命必達！」這樣響亮又充滿氣勢的口號，來自於公司美麗的「紫色承諾」。公司把消費者的託付放到最重要的位置，客戶交付了信任，公司員工必須把它看做是必達的使命，這是對客戶信任的承諾，讓客戶百分百地放心和滿意，為了達到這個使命，員工們不管前面遇到多大困難、阻礙，也一定會做到如期完成客戶交付的使命。

這個口號最初的雛形，是聯邦快遞創始人弗雷德．史密斯提出的「隔夜快遞」服務。弗雷德承諾肯定能在第二天十點半之前，將包裹送至收件人手中，他說：「只要耽誤六十秒，公司就退款。」現在，聯邦快遞公司本著「客戶至上，服務第一」的宗旨，秉承「快捷、安全」的服務，而成為世界五百強的企業。

有一位服務專家經常到各企業授課，有一次，他談到「什麼是服務意識」時，這樣說：「一個員工若是為了怕被客戶投訴，或是害怕長官追查，再或者是為了獲得更高的薪水和升職，甚至是為了保質、保量地完成工作任務，因而有優秀的工作業績，以期得到老闆的賞識，這些都不叫真正的服務，更談不上良好的服務意識！」

服務意識是自發形成的，不是誰強迫出來的。它是一種你設身處地、積極主動地為客戶著想，發自你的內心深處，與你能力高低無關，重要的是你願不願意。所以這是任何一個人都可以做到的，關鍵是你的心有沒有為對方著想。

臺塑集團的創始人王永慶，被稱為經營之王，他從賣米發跡。十五歲起，他就開始賣米，他為客戶的服務非常細緻周到，大多是親自送米上門，上門後，他會進行細緻的觀察，然後在一個本子上詳細記錄了顧客家有多少人、一個月吃多少米、何時發薪等。算算顧客的米該吃完了，根本不用顧客招呼，就送米上門了，等到顧客發薪的日子，再上門收取米款，讓客戶們享受到最細緻的服務。

他給顧客送米時，不是簡單地就放在顧客家裡，而是會幫人家將米倒進米缸裡。如果米缸裡還有米，他就將舊米倒出來，將米缸刷乾淨，然後將新米倒進去，將舊米放在上層。這樣，米就不至於因陳放過久而變質。他這個小小的舉動令不少顧客深受感動，很多顧客都鐵了心專買他的米。這就是細節的美妙之處。就這樣，他的生意越來越好。

只有真正具備服務意識的人，才能夠自動自發地為顧客服務。王永慶是賣米的老闆，但他做到親自送米，還為顧客計算送米的時間，倒進米缸，把最小、最容易忽略的細節都想好了，如果不是有強烈的服務意識是不能做到這樣十年如一日的完美服務的。而且，他做這些又不能為自己帶來直接的經濟效益。所以，如果你的服務意識不是發自內心，融進血液裡，那你在工作中將會很痛苦，每當你做到一次好的服務，你就會期望上司會看到嗎？會為我加薪水嗎？當你一直得不到回報時，很容易就將這種失望的不良情緒帶進工作中，你也就很難堅持下去了。只有你真正發自內心地為顧客服務，才能做到站在顧客的立場想問題，提供最貼心完美的服務，下面就是一個這樣的例子。

一個人下飛機後，在機場門口隨手攔了一輛計程車，上了車後發現這輛車和一般的車多了很多不同，地板上鋪了舒適的羊毛地毯，地毯邊上綴著鮮豔的花邊；玻璃隔板上鑲著高雅的名畫複製品，車裡不管是車窗、座位都一塵不染，旁邊還有一些時下雜誌。客人感到很驚訝，他從沒搭過這樣漂亮的計程車，坐上來長途跋涉的疲倦感淡了很多，更像是非常輕鬆舒適的享受。

他不由得好奇地問前面慈眉善目的司機，「我從沒搭過這麼漂亮的車呢！你是怎麼想到裝飾你的計程車的？」「謝謝你的誇獎，車不是我的，」他說，「是公司的。多年前我曾經在公司做計程車的清潔工人，說實話，當時每輛計程車的清潔情況都非常糟糕，晚上回來時都像垃圾堆。地板上全是煙蒂和垃圾，座位或車門把手甚至有花生醬、口香糖之類黏黏的東西。我當時清潔的時候就想，如果有一輛清潔優雅的車給乘客坐，乘客也許也會不忍心破壞這樣的環境，能夠多為別人著想一點。領到計程車牌照後，我就按照自己的想法把車收拾成了這樣。每位乘客下車後，我都要查看一下，一定替下一位乘客把車準備得十分整潔，讓他在乾淨舒適的環境中搭我的計程車。這樣做久了，我的計程車回公司時仍然十分乾淨。」

當我們用心替別人著想時，也會獲得對方的愉快和信任。客戶是企業的衣食父母，企業能夠活得長久、活得強大，取決於是否擁有一大批具有良好服務意識的員工。我們必須樹立「全心全意地為客戶服務」的工作理念。

現代企業的競爭，其實往往就體現在服務的競爭，而服務競爭水準的高低，則是體現在服務的細節上。我們在工作中應保持高度的責任心和飽滿的服務熱情，每天堅持讓自己臉上保持一個不錯的微笑，要求自己每天對工作充滿熱情，待人真誠而又能堅持原則地對待客戶。優質服務需要我們不斷的努力，它是一個「只有更好，沒有最好」的長遠的沒有終點的目標，如果你提供了周到的、全面的、滿足顧客所有需求的服務，做到無可挑剔，就會贏得顧客的心理天平向你這邊傾倒，感動了顧客就能讓他們心滿意足地相信和購買公司的產品。

第6節 敢為天下先：勇於創新

每個人都可能碰上過諸如競爭過大、產品雷同而沒辦法把產品銷出去之類的時候，這就像一個瓶頸時期。一般人只是屈服於事情的逆轉，而勇於創新的人卻不是這樣，他的腦子裡總是轉動著在挫折面前如何讓自己成功的念頭，念頭產生之後，立即付諸行動。正是這種呵護並用心經營自己念頭的精神，使他邁出了成功的第一步。念頭有時候就是創意，就是怎樣和別人不一樣。有了念頭並勇於迎接失敗的人，最後必能超越失敗；而把念頭束之高閣不想失敗的人，最後卻走向了失敗——一事無成。

有一個小伙子從小就跟著他師父學木雕，學了多年有所成就，漸漸也變成了個小師父。大師父要搬家了，他還留在原地，有人無意中問他：「你師父要搬家了，你要不要跟過去？」跟大師父工作了十多年的小師父突然驚了一下，原來這麼多年，他都只是跟在大師父後面做一切事情，他第一次說：「讓我考慮一下再決定吧！」

經過考慮，他的結果是不再跟過去了，決定完全靠自己工作。於是，他在原地成立了一個雕塑工作室。

沒有大師父的指導，剛開始小師父很不習慣，工作室生意也不好，小師父沒有沮喪，也沒有就此放棄，他做出了個大膽的決定，放棄用木雕，用他並不熟悉的材料硬蠟、精雕土等其他材料，並且用心地做了一些很可愛、很特別的logo，勇敢地到處毛遂自薦，推薦它們做企業或產品的標誌。

後來，因為他的設計別出心裁，造型可愛醒目，市場反應很好，訂單從一個、兩個到源源不絕，他的工作室也漸漸地擴展，員工越來越多，他日以繼夜地研究設計新造型，成了這行有名的logo設計師。

回顧過去，他對當時那個無心問他「要不要跟過去」的事很有感觸：「我不禁自問，難道我要跟著大師父一輩子嗎？難道我要在他的羽翼底下，永遠不敢面對一切嗎？如今想起來，我真的很感謝當年點醒我的那個人，沒有他不經意的一句話，也許就沒有我今天的事業。」

這個小師父變成大師父，很大一部分讓他成功的因素是勇於創新。很多人覺得創新很難，是那些科學家、技術人員的事情，但其實創新並非盡是驚天動地的創舉，更多的是從平凡的小事中找出具有獨特價值的東西。如果你從一開始就拒絕了思考，那也會被創新拒絕，研究顯示，我們所使用的能力，只有我們所具備能力的２％～５％。有人說，創新就是平凡人想出些偷懶的辦法。每個員工其實都具備主動創新的能力，創新不是天才的專利，身為一般人的我們，只要勤於思考，都有創新的潛質，創新無處不在，從身邊做起，當你在生活或工作中有了小麻煩後，動起腦筋來，解決麻煩。但是很多時候，我們被這樣的傳統觀念束縛了思想，認為就是如此了，不思進取，但有些人選擇了打破這樣的思想固蒂，找尋更方便更優良的方法。所以，我們千萬不能被傳統束縛了我們的創新思考。

一九九五年二月，金．達尼爾在豐田公司的一個工廠做組長。這個工廠為豐田佳美公司生產座位調整裝置——汽車前座下的履帶、控制桿和輪子。拉斯．哈樂德是金．達尼爾這個工廠的維修人員。

工廠裡有三十個人和四十六臺機器，工作場所裡人多口雜，機器和人的聲音混雜在一起，很多大型設備工作起來都會發出很大的聲響。對達尼爾來說，同時看管多個操作工人是個難題。

在這樣的環境中，如果發生問題，員工與上級之間交流非常困難。每當機器配件用完或者機器故障時，操作工人只好大聲呼叫材料管理工或維修人員。但情況經常是，達尼爾和哈樂德由於距離現場太遠而無法聽到呼喊，操作工人不得不關掉機器的嘈雜聲音去找所需要的人。同樣，如果機器真的出了毛病，操作人員必須找到哈樂德，讓他趕來修理。達尼爾常常要花很多時間才能找到哈樂德，而當哈樂德知道哪裡需要他時，總是浪費了太多時間，讓工作效率大大降低了。

達尼爾和哈樂德被這個問題困擾了很久，他們都是年輕又富有創造力的員工，於是一起討論並決定想辦法解決。他們冥思苦想了很久，終於有一天從其他的工廠裡得到了啟示。那些工廠配有警報鈴和紅色閃光燈來為意外情況發信號，但是在這種緊張和嘈雜的環境裡，機器上的鈴和燈都不太顯眼。於是，他們開始想其他的辦法，最後，他們自己設計了一個能發光的顯示板，它能夠顯示每臺機器的運行狀況。顯示板被高懸在工廠裡醒目的上方，小組中的每個人無論在什麼地方都能很容易地看到它。就這樣，達尼爾和哈樂德不僅覺得工作順手多了，而且這個工廠的工作效率也明顯提高。

達尼爾和哈樂德的創新舉動充分表現出了主動性和創造性，他們知道工作是自己的，不是上司的，也不是別人的。主動地創造性地完成工作，最大的受益人就是你自己。當你的工作越做越有熱情，越來越有效率時，那麼，你當然就是最能體現出自身價值的那一個。

創新，讓一切皆有可能。這世上沒有解決不了的問題，只是你沒有找到方法而已。只要我們用智慧去思考，用創新思維去想辦法，那麼，一切問題都能解決。可是如果你一開始就認為自己沒有辦法了，那麼你就是徹底地封住自己的腦袋，不可能會有任何創新的想法。不管怎樣，我們都應該嘗試一下，積極思考解決問題的方法，說不定就這樣挖掘出你的潛力了。

有人說，創新與保守的分界線，只在於你是否肯將腦袋打開一公釐。最重要的是你曾經積極地想過辦法。現在是一個講求創新的時代，幾乎每一天都要強調創新的重要性，用創新思維啟動自己隱藏的潛力，迸出你創新的火花吧！墨守成規，懼怕改變就不會有進步。

在如今的企業中，那些能夠創新、善於解決問題的員工，才是企業的最愛。正是因為他們堅信沒有解決不了的問題，只要努力去想辦法、去創新，就一定能解決問題，成就企業的長青基業。如今是一個以新求勝、以新求發展的時代，創新型人才尤其走俏，員工創新力如果高，公司創新力和競爭力自然就會高了。

大浪淘沙，長江後浪推前浪，不進則退。創新型員工能幫助企業更快地發展壯大。IBM公司認為，在市場日益競爭的今天，尤其是軟體IT事業，產品更新換代的速度非常地快，企業最害怕的就是血腥和殘酷的價格戰等惡性競爭，所以必須要以創新理念文化為基石，讓這種創新理念深入植根到每一個員工的心中。IBM的管理文化中，就融入了「創新的人才」、「激勵員工創新」、「開發員工創新DNA」、「金點子ON起來」等一系列激發員工的創新活力之舉。當員工步入IBM的任何一個辦公室，都將在醒目的位置看到IBM的核心價值觀：「成就客戶，創新為要，誠信負責」，這樣潛移默化之中，員工就會更容易放開手腳，在工作中時刻記得「創新」這一關鍵字。

圍繞著這三句話的活動也不斷湧現：員工參與Innovation Jam創新大討論，討論如何將IBM的創新技術和能力與市場的需求結合起來；為員工提供各種工具令他們在日常工作中可以在隨時接入IBM的創新網路，廣泛發表和獲取創新思想，保持活躍的創新思維；在工作中，可隨時登錄Think Place（創想地帶）並在相關的討論組群中與全球各地的同事交流日常工作中的創新心得。當然，創新的關鍵還是人才。IBM與中學建立合作關係，透過一個個活動項目，協同培養創新人才，比如二〇〇三至二〇〇四年在中國推出高層次的中學學生創新實踐專案——「IBM天才孵化計畫」，二〇〇四至二〇〇五年，又推出「青出於藍計畫」（Extreme Blue Program）。同時，在做每年的人才招募的時候，公司會在筆試、面試的過程中，特別著重個人的創新能力。諾基亞公司也認為：對待下屬要鼓勵嘗試創新。給下屬成長空間，讓他們勇於去嘗試，並允許犯錯。否則，下屬畏首畏尾，什麼都請示長官，自己的主動性、創造性就沒了。雖然諾基亞是一家大公司，很注重團隊精神，但也非常強調企業家的奮鬥精神，希望它的員工都能有一些企業家的思想，就是創新想法，不要墨守成規。這樣可以更快地面對市場挑戰，加強競爭力。不創新，就死亡。創新是企業的生命。

一家建築公司在為一棟新樓安裝電線。可是有一處地方他們碰到個難題，他們要把電線穿過一根十公尺長但直徑只有三公分的管道，管道砌在磚石裡，並且彎了四個彎。他們感到毫無辦法，這樣的高難度設計他們從沒有見過，所以用平時常規方法是不可能完成這個任務的。

後來，一位向來愛動腦筋的裝修工想出了一個非常新穎的主意：他到市場上買來兩隻白老鼠，一公一母。然後，他把一根線綁在公鼠身上，並把牠放在管子的一端。另一名工作人員則把那隻母鼠放到管子的另一端，並輕輕地捏牠，讓牠發出吱吱的叫聲。公鼠聽到母老鼠的叫聲，便沿著管子跑去找。牠沿著管子跑，身後的那根線也被拖著跑。因此，工人們就很容易把那根線的一端和電線連在一起。就這樣，穿電線的難題順利得到解決。這位愛動腦筋的裝修工，也因為創新而得到老闆的嘉獎。

眾所周知，在自然界中，人和黑猩猩的基因有98％是相同的，最聰明的動物是猩猩，因為牠的生存能力極強，像人類一樣會製造和利用工具；會有組織地打獵，會用樹枝誘取白蟻；會藉由木箱和接竿來摘取高處的香蕉，甚至還會利用木棍破壞防護電網「越獄」。在日益激烈的競爭中，能夠標新立異、革故鼎新、獨樹一幟就是企業事業能夠長青的重要基石。在職場上，富有創新能力，愛動腦筋的員工最受歡迎。放開你的頭腦，抓住思維偶然閃爍的火花，在工作實踐中歷練創造力，你就會成為世界五百強最需要的員工！

使自己的思維從不同的角度思考問題，不要僅僅停留在一個層面上，你就能創意無限。

小測驗——工作中你最重視什麼？

題目：在愛情的迷惑之下，美人魚犧牲了動人的聲音，羅蜜歐和茱麗葉則以生命為代價。也是愛情信徒的你，為了嚐到戀愛的銷魂滋味，所願意付出的最高代價，會是以下哪一種？

1. 壽命減少
2. 智商超低
3. 貧困度日
4. 眾叛親離

選「壽命減少」

你希望人生時時充滿驚喜，你也期許自己能像一朵散發生命力的鮮花，而不是變成一朵日漸乾枯的乾燥花。工作上當然也是如此，待遇或職位都不是你最重視的事情，你想要從公事中，得到自由發揮的主控權，考驗自我的實力和耐力，如果不能得到舞臺，或是你不再是眾所矚目的主角，你絕對無法忍受，自然會想要另謀發展，燃起生命的新火花。

選「智商超低」

在工作中，你可以做牛做馬，將你滿腔熱情，投注在辦公室中，但是這種三更燈火五更雞的鬥志，需要持續得到上司的鼓舞和賞識，要是讓你覺得遇不上伯樂，或是伯樂已經逐漸疏遠你時，你就會有倦勤的念頭，無法再像從前一樣打拼賣命，因為沒有伯樂關愛眼神籠罩的你，奮鬥的原動力也就日漸熄滅，讓你的工作能量沒電啦！

選「貧困度日」

在職場內，你最在意的是福利制度，和相關權益，如薪資、配股或分紅制度，都是基本的需求，萬萬不能比別人少。彈性上班或休假等規定，也是你非常在意的，因為在你的想法當中，上班只是謀生的手段，一旦這些原有福利縮水或不見，就是老闆和你過不去，你就會沒有工作動力，忍不住感染工作倦怠症，完全提不起勁來。

選「眾叛親離」

你是沒有安全感的人，也許是童年失歡，或是不好的生活經驗，讓你失去了安全感，所以如果你現在的工作，不能滿足你的需求，或是讓你覺得不牢靠，隨時有倒閉，或遣散走人的可能，像從事泡沫化的網路業，你更會時時刻刻擔心成為失業一族，工作心情可就大受影響，一點點風吹草動，就會讓你胡思亂想，根本不能專心工作。

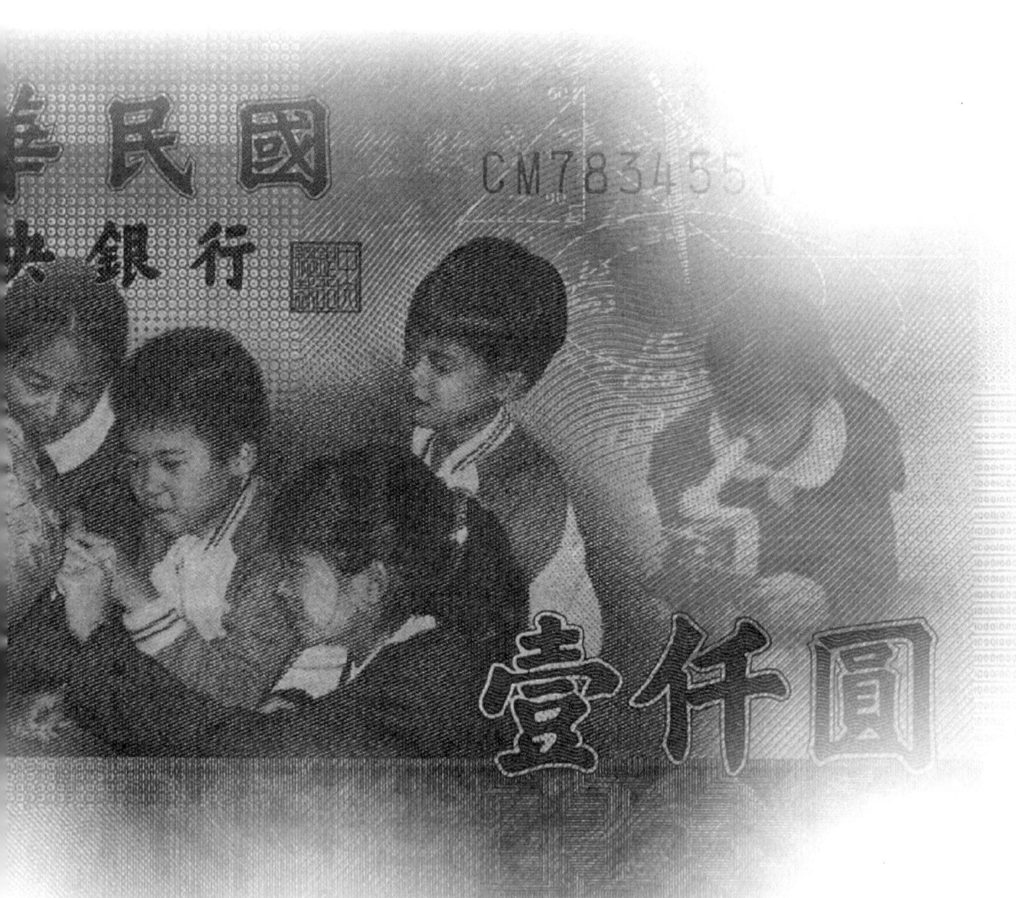
民國
央銀行
CM783455V
壹仟圓

第四章

職業倦怠

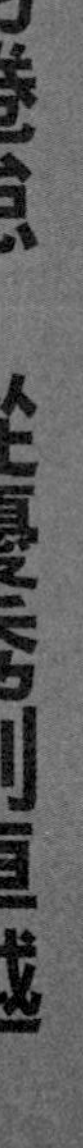

克服工作中的倦怠，從優秀到卓越

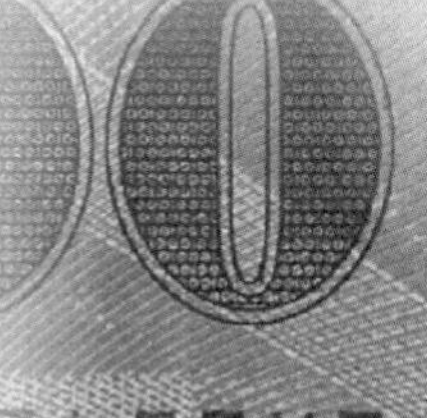

每日只是辛苦工作，對工作卻喪失熱情，常常遲到、早退，覺得心身俱疲，吃飯也草草了事，對工作甚至愛情失去耐心，容易心浮氣躁、失眠、麻木、疲勞……怎麼辦？

你看到的並不是一則準備向你推銷頭痛藥的廣告，是實實在在存在於你所身處的環境中的問題。藥師一定會好好的和你推銷一番，如果利用藥物藥到病除，心理醫生也很樂意花長時間和你進行昂貴的聊天，種種的職業人士和你打交道，一個個不堪入目的可能性加劇了你的憂鬱症，這真是再糟糕不過的事了。

職場如戰場，長年在職場打滾，哪能不沾一點風塵？你需要的不是藥物和心理醫生，你需要一個良好的環境，安靜的氛圍，清新的空氣，再來一點輕音樂……沒錯，你沒有病，你只是深深覺得疲倦。

每一個職業都有固定機械重複的步驟和程序，久而久之，形成常見的職業倦怠症。本章我們要談的就是如何克服這種職業倦怠。

第1節 今天你倦怠了嗎？

你每天清晨醒來，想到要去上班就會心口悶得慌嗎？
如果你每天坐在辦公桌旁，看到那一大堆檔案是否會十分惱火？
你在工作中，稍不如意就會忍不住發火嗎？
你每天回到家中，總感到筋疲力盡，無精打采嗎？
原本開朗活躍的你，如今是否感到話懶得多說一句？
是否連路都懶得多走一步？
是否對電視不感興趣？
是否對書籍打不起精神？
是否連辭退工作的念頭，都在心頭百轉千迴，最終也懶得說出口？
……

如果你對以上問題的回答都是「是」，那麼非常不幸，你或許也已經染上了這種都市職場中的「流行病」——職業倦怠症。

今天你倦怠嗎？如果是老闆在問你，你一定會壓住浮躁的自己，機智地給出一個讓老闆滿意的答案，但你其實心中壓抑依舊，甚至會擔心老闆是否別有用心，擔心自己的職位不保，或者懷疑自己是不是不小心得罪了小人，被人在背後捅了一刀……停止這種瘋狂的想法吧！是你身處的環境壓力太大了，一點小事也會觸發你大腦的每個神經。

其實，還有很多人和你面臨著一樣的情況，據最近出爐的一份職場職業倦怠調查顯示，有62.5%的上班族感到壓力較大，約近三分之二的人對工作興趣索然。職業倦怠似乎成了現代社會的通病，在人們身邊悄悄地蔓延開來。

欣怡大學剛畢業就到一家世界五百強的企業做了會計，當初得到這份工作的時候，她周圍的多少同學無不嫉妒。在過了差不多十年的安穩日子之後，她的同學卻已不可同日而語了，有的做了酒店經理，有的成了IT企業的高端研發員，有的經過不斷深造，成為知名攝影師。

而欣怡呢？日復一日的報表讓她已失去了工作熱情，她對工作的態度從以前的充滿熱情變成了厭倦。她以前的同學們生活已經發生了翻天覆地的變化，而她十年來竟然還在原地踏步。所以，現在當她看到自己桌上堆成山的報表就覺得頭痛、煩躁，更別說用心去做了。她覺得十年來自己的工作從來沒改變過，永遠是報表、報表、報表，在辦公室裡她總是一副懶洋洋的樣子，做什麼都提不起興趣。這種低靡的精神狀態她的工作品質如何就可想而知了——直線下降。上司也由於她經常犯錯致使多次退件，對她提出了警告。欣怡也覺得自己繼續這樣下去，非得憂鬱症不可，可是十年的重複勞動，真的把她原本的銳氣、鬥志和熱情都耗光了，現在的她，真的不知道怎樣才能提起幹勁來。

Kelly是一個明星大學的學生，畢業後做了一個企業諮詢公司客服的員工，她個性熱情開朗，積極負責，同事們都很喜歡她，但是經過長期接電話、整理檔案、回覆郵件這些乏味枯燥的工作之後，最近她出現了一些尷尬的情況，她一走進辦公室就會產生莫名其妙的心悸鬱悶，甚至每次聽到電話響都會被嚇一跳，而且在整理檔案、回覆郵件的時候總是心神不寧，這種情緒無法壓制下來，後來便發展到不想上班，能不去就不去，無故缺席。

Kelly最後決定去進行心理諮詢，經過心理諮詢師的深入瞭解，發現Kelly的反常是因為覺得自己的工作太枯燥了。她的工作很簡單、很枯燥，那就是接待客戶、解決售後問題，可是Kelly本是個性活躍，而且從明星大學畢業的高材生，在不斷地重複這類工作之後，覺得自己的才學在工作中得不到發揮，而是成了一個機器人，她希望自己的工作可以更加有趣，而且能從中發揮出自己的才學，她不能滿足這樣的工作狀態，可是生活所迫又不能辭職的矛盾使她更加糾結。但是公司已經三令五申，如果再出現這種不負責任的情況就要把她辭退。面臨著這種種的尷尬，又無法宣洩，結果就讓她對自己的工作產生無法排解的反感。

志偉是一個知名企業的行政管理人員。在公司他享受的待遇和同級員工一樣，可是享受到的關注卻有著天壤之別。平時大家只把他當作「打雜」的，可有可無，有需要的時候才和他說個三言兩語，上司從來不會對他多看兩眼，有事才會吩咐他。年終獎金、業績獎金的大紅人，總是他身邊的同事，他從來沾不上邊。

志偉感覺自己成了「透明人」，永遠都在被人遺忘的角落，不被關注的鬱悶讓他工作起來無精打采的，覺得沒有意思，惡性循環下來，他開始變得沉默寡語，對身邊的同事冷漠無情，每天上班前他都覺得要用最大的勇氣才能出門，痛苦的他不知道如何才能改變這種現狀。

以上三人症狀相近，但是原因不一。欣怡是典型的由於機械勞動而產生的職業倦怠；

Kelly因為覺得自己工作前途無望；志偉則是由於自己在職場的地位過於卑微。

由此可見，職業倦怠除了由於機械運作造成的心理疲勞，還有各個方面的原因，主要還是要具體職業具體分析。早有調查指出了哪些職業是職業倦怠高發群，俗話說，知己知彼，方能百戰不殆。所以我們不妨看看哪十種職業最容易染上職業倦怠（前三種列出理由）。

NO.1 護士

理由：

1.職業地位低：處於醫院底層，任人使喚。

2.缺乏發展空間：機械性工作，難以提高自身知識。

3.工作壓力大：工作量大，病人多，護士少；心理壓力大，工作性質涉及人命。

NO.2 公務員

理由：

1.體制制約：公務員是個鐵飯碗，機構浮濫。

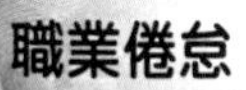

2.工作程序重複：工作量大，創新性缺乏。

3.晉升限制：短時間內不會有明顯的級別提升。

NO.3 教師

理由：

1.工作重複：每年所教知識重複。

2.前途問題：最高為特級教師。

3.工作壓力大：學校、家長施加壓力。

緊接其後的是IT工程師，剩下的依次是記者、員警、零售員、市場行銷人員、金融工作者和心理諮詢師。

當然，以上的排名也只是一個參考，關鍵是要在個別中總結出一般，找到解決問題的辦法才是最終的目標。由排名可以看出，職業倦怠的高發群體是教師、醫護工作者等相關從業人員，因為這類助人的職業要將個體的內部資源耗盡，但又不容易得到補充，結果就引發了職業倦怠問題。

像零售員這樣的工作瑣碎，程序機械重複性比較嚴重的會導致壓力過低、缺乏挑戰性等問題，由於個人能力得不到充分發揮，工作苦悶無聊，工作者無法獲取足夠的成就感，也會產生比較嚴重的職業倦怠。這點其實平時我們買東西的時候，看看收銀員的表情也可以看出一二。

這是由所從事職業的客觀因素誘發職業倦怠的高發群體，也是幾乎每一個職業都存在的「職業桎梏」。當然，它還包括了經常加班、高付出低回報等等的原因。另一類，則是由主觀因素佔主導而引發的職業倦怠。

Jack是一個天生追求完美、自我評價較高的人。大學畢業後，他很快加入了工作，在公司素有工作狂的稱號。雖然他的工作量最大，完成量最多，品質還算不錯，可是他從來不喜歡人家提意見，也不願意和人家交流，他容易緊張，對同事的戒心十分重，因此一直都把同事看成敵人，同事如果哪天突然比平時沉默，或者早到，下班依然堅持工作，他都會看成是人家在和他競爭。為了讓老闆提高對他的評價，他可以不惜放棄週休假日，可以一天一天的加班。

他覺得自己進取心十分強，精力投入也比別人多，因此一定能最快爬上公司的頂層。可是年復一年，漫長的幾年過去後，他在公司裡依然是那個職位，依然被稱為工作狂，而那些同事卻有好幾個升了上去。他忽然覺得不知所措，對自己的工作也失去了往日的熱情，覺得世界不公平，覺得自己的付出得不到回報，於是他日漸散漫，甚至淪落到被以前的同事批評的地步，這讓他非常苦惱，對自己也完全失去了信心……之後，他只是木訥地工作，品質也是保持在不被批評的底線……

Jack是比較明顯的A型性格，他十分容易緊張，雖然情緒急躁，但是進取心很強，在外界看來他衝勁十足，每天都有用不完的精力，就像一顆永不斷電的長效電池，但長期下去，實際上他身心狀況早就透支付出，加上心理不容忍自己的付出得不到應有的回報，看不慣阿諛奉承，這些都很容易導致身心的倦怠。

這一情況經常發生於剛畢業的大學生，還有一些天生性格定型了的人。但是，不管是以上哪一種，都是可以改善、有規可循的。職業病許多人都有，但戰勝它、治癒它、改善它，都不會是不可能的任務。本章就是要一起來找出解決問題的辦法。

第2節 進行有效的自我管理，適者生存

職業倦怠是一種心理疾病，要擺脫它，做真正的自己，使自己重新容光煥發，關鍵是自己掌握自己的生活，才能不被職場腐蝕。我們的建議是，進行一種積極的、健康的自我管理。

自我管理失敗的原因是多樣的，但不外乎是以下幾點：一、缺乏恆心，這一點是致命原因；二、盲目模仿別人，沒有在瞭解自己的基礎上實事求是；三、目標不明確。

由此可見，其主要因素都是主觀因素。有想法，沒毅力；有計畫，沒實踐；有實踐，沒指向；所有的這些，都可能把你抹煞在職場之中。認清自己，管理好自己，其實也可以看成是一種投資。

首先，關於恆心。恆心是個很微妙的東西，擁有它的人不多，可以說那是一個很珍貴的素質，也是一個幫助你從累積量變為質變，打下堅實基礎的法寶。如何使自己做事不半途

而廢，持之以恆？答案很簡單，把你覺得重要又優秀的素質變成習慣。習慣在操作起來的時候是非常自然的，你甚至連自己已經完成了任務都不會察覺一絲負擔。大部分人都把自我管理看成是一個任務，強迫自己去做，因此累積下來的煩躁就會很容易造成半途而廢。但是當你的行為只是一種習慣，你就能隨心所欲的去實踐，這樣不但不會感到由重複的行為產生的疲倦，甚至成了一種享受的過程。班傑明．佛蘭克林是個好例子。

在為一百美元的鈔票選擇頭像時，美國人民遇到過一個問題，在這個講究平等、嚴謹的國度，誰可以真正代表美國人民的智慧和財富呢？一番精挑細選以後，人們選中了班傑明．佛蘭克林。為何選中班傑明．佛蘭克林？他何德何能在美元上印下自己的頭像，成為智慧和財富的化身呢？

佛蘭克林是美國夢的典型代表，他即使在全世界也備受敬仰。他的自我管理能力，讓人驚嘆。我們不妨看看佛蘭克林傳奇而輝煌的一生。

佛蘭克林並非出身大戶人家，而是非常貧寒。他只讀了不到兩年的書，就不得不在印刷廠做學徒。但他刻苦好學，自學數學和四門外語，最後成為了美國的政治家、外交家、科學家、慈善家、發明家而聞名於世。美國獨立戰爭的主要參與人和《獨立宣言》的主要起草人。

很顯然，佛蘭克林也只是個平凡人，但是他最後取得了驚人的成就，祕密是什麼呢？是把美德變成他的習慣。以下就是他每天檢視，每天反省自己的過失，不辭勞苦所養成的十三種美德。

1、適度自律。避免極端。以適度為原則，不可貪過，用餐七分飽，飲酒三分醉。

2、少言。沉默是金，言多必失。言必對人對己有益，否則避免無益的聊天。

3、有序。每件日常事務都會安排得井井有條，有條理，有規則，不紊亂，在一定的時間去做。

4、恆心。當做必做，做事必要有堅定不移的意志。

5、節省。生活以簡單樸實為好，用錢講究節儉。

6、勤奮。勤勉為人生存之本，時時刻刻做有用的事情。

7、誠懇公正。不欺騙人，不損人利己，做人做事以事實為依據。

8、整潔。身體、衣服乾淨整潔，保持住所清潔。

9、鎮定。應平穩、冷靜、果敢，不要因為小事或不可避免的事故而驚慌失措，應學會冷靜處理。

10、忠貞。堅貞不二，為了健康和家人的安全，做事謹慎，不要陷入流言蜚語事件，或損害自己以及他人的安寧和名譽。

最後，他一人融合了以上的所有美德，實現了從優秀到卓越的跨越。

並不是每個人都想拯救世界，也不是每個人都對政治有興趣，因此，我們不需要那麼多的美德，沒必要完全按照佛蘭克林的準則去要求自己。真正能讓自己振奮，讓自己與別不同的美德才真正有價值。所以要培養一種怎麼樣的習慣是因人而異的。

其實，一個習慣的養成，需要的時間並不長。一般三至六個星期，就可以徹底養成一個新的習慣。這樣做比起每天起來都按照自己編排的計畫要簡單。首先，心態不一樣。你需要養成的習慣是一種美德，不為別人。其次，你清楚自己選擇的這種美德對你的好處。最後，好習慣一旦養成，你將會為此獲益。

試想，一個商業巨人的處事方式、思維方式成為你的一個個的習慣，你離成功還會遠嗎？

要培養一個習慣，不難，但是要選一個或者幾個，特別是合適自己的，就不是那麼簡單了。這就是為什麼很多人就算堅持了，也覺得自己沒有因此受益的重要原因，不但讓自己灰心喪氣，甚至半途而廢，恆心也無從談起。第二個自我管理失敗的原因，也由此而來。成功者的不一定就是好的，只有合適的才是好的。

先來認清你的職場壓力在哪裡？回答下面每一道題，並根據自己的實際情況打分（1～4分）。

- 我很需要當前的工作，否則無以為繼。
- 每天從早到晚，我為工作而擔憂。
- 工作量的增加或減少等細微的人事調動，我都會很警惕。
- 我發現自己會為雞毛蒜皮的小事而生氣或易被激怒。
- 我做起事情來經常不知所措，精神恍惚，而且沒有耐心。
- 我的自制力不怎麼好，難按計畫辦事。
- 老闆不賞識我，不知道我的存在。
- 我擔心自己的工作品質不如公司其他人。
- 我不知道自己的工作到底是好是壞。

●似乎無人想瞭解我此刻的心情。
●我很難弄清自己的真實感受。
●我一直壓抑著自己的情感直至最後爆發。
●很難抽出時間與親友在一起。
●我身邊的朋友很少主動聯繫我。
●太勞累了，一個人的時候只想睡覺。

結果分析：

少於20分：工作壓力處理得當。

21分～30分：可能會產生某種身體的或情感的不適。

31分～40分：你的工作壓力已經過大，需要多與朋友交流，適當排遣不良壓力。

高於40分：你的工作壓力已經快要達到承受極限，最好請醫生看看，或找職業諮詢專家諮詢。

工作壓力的大小，往往對職業倦怠的產生有直接作用。對工作壓力處理的能力，某種程度上說，其實也可以成為判斷你感染上職業病的難易和深淺。清楚自己受到的壓力有多少，也可以找到更合適的習慣，進行有效的自我管理，讓自己更好的掌握自己的支點，進而降低壓力，提高效率。壓力，可以看成一個側面，也可以看成一個挑選習慣的標準。

此外，清楚自己是一個什麼類型的角色、特長在哪裡也十分重要。由於人的氣質、個性等特點不同，表現在人際關係中也有不同的類型。不同氣質類型的人適合做不同工作，不同人際關係類型的人所適合的工作也不同。以下是幾類：

積極主動型：這類的人在人際交往中，總是採取積極主動的方式，適合需要順利處理人與人之間複雜關係的職業，如教師、推銷員等。被動型的人在社交中，則總採取消極、被動的退縮方式，適合不太需要與人打交道的職業，如機械師、電工等。

天生領袖型：這類的人有強烈的支配和命令別人的欲望，在職業上傾向於管理人員、工程師、作家等。依從型的人則比較謙卑、溫順，慣於服從，不喜歡支配和控制別人，他們願意從事那些需要按照既定要求工作的、較簡單而又比較刻板的職業，如辦公室文員等。

工作嚴謹型：這類的人有很強的責任心，做事細心周到，適合的職業有員警、業務主管、社團領袖等，而隨便的人則適合藝術家、社會工作者、社會科學家、作家、記者等職業。

心態開放型：這類的人易於與他人相處，容易適應環境，適合會計、機械師、空中小姐、服務員等職業，閉鎖型的人適合的職業有編輯、藝術家、科學研究工作等。

懷才不遇的人們可曾想過，你現在的這份工作，可能對你將來有莫大幫助。古今中外不乏從事過多種職業最後獲得偉大成就的人。當你清楚瞭解自己的時候，你甚至可以把曾經的工作經驗聯繫一起，成為你創新、進步的階梯。言歸正傳，以上不同類型的人主要是從性格來分。還有各式各樣的分法，在這裡不詳細列舉。

需要指出的是，只是看人家研究的性格類型，或者進行一些人格測試還不夠。要更加瞭解自己還需要一些其他的辦法，這樣的辦法也有很多。比如說，經常與自己交流，多回憶類似事件自己的做法、取捨；透過以往的經驗和現在的自己進行比對；或者參考別人對自己的評價等等，總之，全面地瞭解自己的性格，在這個基礎上做出選擇，一定會更加有特質，能更有效地把自己的特點嫻熟的展現。

最後，是關於目標的。目標的設定一直都講究明確，這個其實不難做到，不少人很年輕的時候就立志要考明星大學，或者當個鋼琴家、拳擊手，各式各樣，三百六十行，皆有各自的追求者，然而，這些都成了他們的夢想，也許是一生也不會實現的夢想。為什麼？他們忘記了。忘記了自己的初衷，努力的方向便有所偏差，隨著時間的推移，這種偏差就會越來越大，甚至走向了另一個領域。當年劉備、孫權、曹操三分天下，當初皆以復興漢室為口號，然而各佔三分之一天下以後，弱者只想苟安一方，強者希望建立自己的時代，最後落得個三分歸晉的結局。想當年關羽溫酒斬華雄，趙子龍救阿斗，火燒赤壁的諸位英雄，也被這混亂的土地埋葬，豪情不再。

自我管理的方法步驟其實是沒有一個定式的。因為人各有志，性格也不盡相同，比較有條理的人可能喜歡為自己設定一個有效率的時間表；比較享受藝術生活的人，更喜歡為自己設定一個有情趣的場景，進而大大提高自己的效率；有長遠計畫的人還可以設定個五年計畫。但是，有一點是肯定要抓住的，那就是時間，一個人真正可以把握的屬於自己最珍貴的，就是他的時間了。

不少介紹如何掌握自己的生活和時間的書，都會讓讀者去自己制訂一個表，標個A、B、C、D，或者勾任務。但其實這並不符合人性化的原則。不是每個人都能堅持列表，也不是每個人都可以完全按照計畫進行，就算在任務的時間上進行調整緩衝，也只是一時的解決辦法，而且這樣也很容易讓自己產生倦怠，加重自己的負擔。

一直以來，只有人性化的自我管理才會有成效。就像喜歡藝術的人不能受時間表的束縛，有條理的人害怕自己散漫……但是，有了良好的習慣，對自己有一個具體清晰的認知，對自己的目標堅持不懈，管理自己就不再是一個問題。這其實是一種以提高自己素質來進行自我管理的方法。

辦事有恆心，處事有自知，凡事有目標，把握好這些，一定能找到合適自己的辦法，在茫茫的人海看到自己的位置，看到自己的影子，生活就會因此更加有挑戰，職業倦怠為你蒙上的黑白色也會回復繽紛。

第3節 為自己建立一個完善的社會支援系統

在討論社會支援系統這一個話題之前，可以回答下面幾個問題。

以你的社交圈為限，回答以下問題：

1、遇到金錢上的困難，有哪些人可以為你慷慨解囊？

2、如果你生病了，有哪些人會非常著急？

3、你有新的想法時，哪些人一定會支持你？

4、假如你犯了一個嚴重的錯誤，有哪些人可以幫你解困？

5、如果你要創業，你覺得可以和哪些人合作？

6、今天你得了獎金，你覺得你可能會對哪些人保密？

7、你有一個重要祕密，你最怕讓哪些人知道？

8、哪些人失敗了，你會歡呼雀躍？

9、你覺得世界上少了哪些你認識的人會更美好？

10、你覺得哪些人不適合在你的生日派對上出現？

以上是個問題，前五個你想到的人數越多越好，後五個則越少越好。人數是不限的，但是前面五題的人數越多，後五題的人數越少，在某種程度上就說明了你的社會支援系統完善與否的問題。社會支援系統其實就是這麼一回事。也許這樣還是有點抽象，要再深入一點瞭解，不妨回答一下兩個問題：

1、你是否能在自己陷入困境的時候，有把握能即時得到他人的幫助？

2、這些人都有誰？

以上兩個問題就構成了「社會支援系統」的核心，至於什麼是社會支援系統，簡單來說，就是一個具體的人際關係網路。辭典中正式的定義指的是個人在自己的社會關係網路中所能獲得的、來自他人的物質和精神上的幫助和支援。在生活和工作中，這個系統都非常重要，你不是一個人戰鬥，總需要得到別人的支援和幫助，所以你需要為自己建立一個完備的支援系統，包括朋友、同事、老師、上下級、合作夥伴等等，亦可以包括由陌生人組成的，他們願意為你在必要時候提供幫助，每一種系統都相對地承擔著它特殊的功能：

工作中同事或者合作夥伴則主要是交流意見、工作的分工合作等，這樣構成一個工作上的支援。

顯然，社會支援系統足夠完善，可以給我們的生活帶來很大的改善，當我們陷入困境時，社會支援猶如雪中送炭，給予我們充足的物質或者精神的支援、幫助我們恢復信心、勇氣和力量。你身邊一個一個和你分享生活的人，就像一縷縷的陽光，溫暖著你的心靈。

那麼，社會支援系統和職業倦怠到底有什麼關聯？對消除職業倦怠有什麼好處？

一、你不是一個人在戰鬥，也不是在為別人戰鬥

假如你一個人回到了侏羅紀時代，遇到了一隻暴龍，牠正對著你流口水，這時候你首先想到的是什麼？沒錯，跑！可是，你跑得過暴龍嗎？當你跑累了，也只能束手就擒。但是如果你有一個團隊，你們就可能會想辦法去獵殺這隻暴龍。甚至可以想像殺死這隻怪物以後誰可以剝牠的皮，誰去分牠的骨，誰負責烹調。

由此可見，一個社會支援不但能改善當前的情況，也能改變一個人的思維。由逃跑，到反擊，是由一個人的思維轉向團隊群策群力的巨大轉變。前者可能喪命，後者則可以一嚐古獸的鮮美。

在工作中，為什麼你會容易變得煩躁？因為你覺得自己是一個人在工作，你覺得你在為別人工作，你的功勞除了一個月的薪資以外就什麼也沒有，自己沒有進步，反而被當成了機器，就算別人越做越大，也只會給你薪水而已。但是如果你是在為自己人工作，便不會有這樣的煩躁。和大家同步前進，不但有效地緩解了心理的不平衡，又能在工作中得到別人的關心，遇到困難也不會孤軍奮戰。因此，在同事之間建立自己的社會支援系統是十分重要的。

二、你有自己的一席之地

覺得自己在公司沒有地位，沒人重視自己，也就十分容易導致職業倦怠。要解決這個問題，就必須完善你的社會支援系統。當你成功在公司建立了一定的支援系統，就沒有人會不把你放在眼裡。至於如何在職場建立一個完善的社會支援系統，涉及的是職場的為人原則、人際交往等技巧，本節稍後將會說明。

三、被機會包圍，不再打瞌睡

當你的同事都喜歡你，凡事都想第一個讓你知道，有什麼訊息也會和你分享，那麼，你就會成了一個百事通。透過充分的利用這些資訊，更能讓你一步一步的踏上公司的頂層。可以說，成功的機會無時無刻都在你身邊湧現。如果老闆喜歡你，更加能讓你平步青雲。在這樣的情況下，你還會在一個小職位上飽受職業倦怠的折磨嗎？

要在公司建立一個完善的社會支援，基本要點就是要讓大家喜歡你。身在職場，要討人喜歡，首先我們可以看看哪些是不討人喜歡的，再對自身進行反思。

員工甲去上班的時候，沒有人留意到她是幾點來的，往往是辦公室中她的同事偶爾頭一抬，就猛然看見剛才還空著的位子上已經有一個身影。下班時候也是這樣，大家才開幾句玩笑的時候看見她還在，可是忽然就發現她的桌上已經清理一空，消失了。中午吃飯時間原本是和同事們聊聊天、熱絡起來的好時機，但是員工甲每天都堅持自己帶飯來，時間一到，就躲到會議室的角落裡一個人吃悶飯去了。雖然也有幾位好心的同事一開始主動找她搭訕，可是她最多禮貌地回答一下，然後又一言不發。

員工乙主修德語，但是工作中暫時沒有他專業的「用武之地」。然而，他不甘心這樣的狀況。於是，平時同事交流時，有事沒事他總會夾雜幾句德語，如果在場有人聽得懂還好，問題是同事中沒有一個懂他說什麼。他這樣的表現會讓他的同事很反感，但他一邊講一邊還要看看其他同事，尤其是女同事，那種眼神就像是在炫耀。他在辦公室還用德語打電話，公司並沒有這樣的客戶，一看就知道他打的是私人電話。公司雖沒有明文規定不准打私人電話，但是這樣張狂地表現自己，太過火了。

員工丙是公司裡最能言善道的人。每天上班，他都有說不完的話題，但是都十分瑣碎。他總喜歡討論吃飯、電影，而且他的口水也特別多，大家在吃午飯的時候都得小心保護自己的午餐，以防自己的飯菜沾到了他的「愛說話口水」。他還很粗心，就算老闆來的時候，大家一下子安靜了他也沒有察覺，繼續自說自話，那個貌似在聽他說話的同事就慘了，跟他一起倒了大楣。最令人厭煩的是，他還喜歡說別人的隱私以及瑣碎不堪的事情，這讓同事都害怕看到他。

員工丁是一家公司的小管工。平時他對比自己稍微低階的同事非常「官僚」，喜歡命令人家做這做那的，碰到比自己職位高的，則像一隻溫順的小狗，搖頭擺尾、端茶遞水樣樣精。為了不讓人家超越他，他甚至喜歡為難別人，也盡量避免他的同事接觸那些所謂的長官。日復一日，大家對他十分厭惡，他所管理的小部門最後也被撤了。

以上幾種人，分別代表了不合群、喜歡炫耀、愛搬弄是非、愛耍手段等在公司十分惹人討厭的集中性格。其實，在職場惹人討厭的行為遠不只這幾個，比如說推卸責任、沒有條理、缺乏主動等。可是如果用「最」字來形容，這幾類就首當其衝了。如果你沒有這些不良嗜好，那麼再培養一下幾個職場的人際技巧，一定能讓同事、老闆對你刮目相看。

1、注重自己的儀表，給人好的第一印象。

2、不怕吃虧，不避重就輕，認真工作。

3、廣泛涉獵，可以在多數領域和人家對上話。

4、不輕易許下諾言，除非自己一定能辦到。

5、受表揚不趾高氣揚，保持辦公室和諧。

6、真心為別人的成功感到高興。

7、不要自己獨攬功勞。

8、不要時時、事事都爭第一，該用力時再出手。

9、虛心求教，不要不懂裝懂。

透過以上的辦法，一個初步完善的社會支援系統便能建成。但這還不夠，我們還要學會維護這個系統。

首先，我們要有這樣關於社會支援系統的概念：人在這個世界上生存，過的是集體群居生活，需要融入其中，要學會彼此支援，但不表示你可以依賴別人，不過有困難時求助於別人是絕對必要的。同時，我們必須意識到很重要的一點，那就是社會支援系統不是只給我們索取而吝嗇地不肯給予一點回報，我們的困難需要社會支援分擔，很自然，我們的快樂也需要社會支援的分享。想要從這個系統獲益，首先要學會付出。所以我們平時需要懂得關心並幫助他人，得到成功時不要忘記與他人分享快樂幸福和你的成果以表示感激，懂得回報，懂得感恩，明白沒有人有一定要幫助你的義務，否則，你的社會支援系統也建立不起來，因為它需要你平時的情感投資。

另外，切記不要完全依賴於這個系統，遇到問題首先要盡可能自己解決，不麻煩別人，能獨立完成任務就獨立完成任務，實在不得已才求助於人。這樣人家才會諒解你的難處，也就會樂於熱心助你了。

完善好你的社會支援系統，一定能幫助你減少工作壓力，讓你深入組織，幫助你做出輝煌成績，還有戰勝職業倦怠。因為職業倦怠也許就可以看成是這麼一個難題，這樣一個需要大家和你一起戰勝的難題。

第4節 學會獎勵自己

當你辛勤的勞動取得一些回報的時候，你是否會吃上一頓比平時體面的午餐，或者用塵封已久的收音機聽一下久違的音樂？也許你會無奈地說：「沒辦法啊！現在社會競爭這樣大，哪有時間？」可是就因為這樣，你會發現自己喪失了工作中很重要的東西：那就是對工作的熱情，每天腳不離地陀螺般地忙碌，卻沒有享受過一絲喜悅，日復一日，就造成了職業倦怠。其實你完全不必如此，因為生活也是你自己選擇的，你可以偶爾停停腳步享受一下成功的喜悅，不僅僅為你的生活增添了光彩，對你的工作也大有好處，它可以幫助你避免職業倦怠，一直保持著工作的熱情。別對你正常的休息感到不值，它是一種有效的激勵，幫助你走得更遠。

一個富翁在鄉間田地遇到了一個農民，富翁不停去看和他一樣安然自得的農民，終於他忍不住了，摸了摸自己斑白的頭髮，輕聲對農民說：在這裡曬太陽嗎？

農民說：是啊，今天天氣不錯。

富翁：你為什麼不在這裡開個農莊？

農民：開農莊？有什麼用？

富翁：可以賺錢啊！

農民：賺錢？

富翁：是啊，當你有了第一筆資本，就可以繼續投資賺更多。

農民興致勃勃地問：然後怎麼辦呢？

富翁得意地說：然後再投資，再賺錢。運氣好就可以像我一樣。

農民：是嗎？和你一樣會怎麼樣？

富翁：可以真正舒心的在這裡享受大自然。

農民聽完，搖了搖頭：難道我現在不是在這裡享受大自然嗎？

人生短短幾十載，你也在每日忙碌，希望能透過自己的努力奮鬥，過上輕鬆富足的生活，可是你現在真的忙得連偶爾享受一下大自然的機會都沒有了嗎？如果你對自己目前的工作並沒有太大的興趣，很容易就會被工作壓力困擾，於是你會不自覺地產生一些消極的情緒，例如緊張、沮喪、拖延、迴避、敷衍等，而且你的處事方式也會由於消極情緒的影響而變得消極，最後只會讓你的工作品質直線下降，業績也將不堪入目。但不是每一個都能找到一個自己最感興趣的工作，況且日久天長，你也會漸漸消磨掉自己工作的興趣。小小的工作成功，老闆沒有時間也不會就這樣獎勵你、加獎金等，老指望上司的褒獎之詞未免容易讓人失望，特別是你不幸地遇到了要求嚴格的老闆，但你完全可以自己獎勵自己，只有自己才最瞭解自己最想要什麼，最在乎什麼。付出了很多，就獎勵一下自己。

有美國心理學家研究發現，如果一個人完全沒有受到激勵，他只能發揮他真正能力的三分之一，甚至更低。但是這個人一旦受到了激勵，其能力發揮便有了質的飛躍，可以發揮到80%甚至更多。由此可見，就算一個身心健康、個性完善的人，如果沒有前進的動力，也很難完成創業目標。不要覺得這是浪費時間，你不妨把它當作是人生驛站中的一個加油站，疲憊了在這裡停著加了油，就能跑得更快、更好了。

記得小時候我們在面對可怕的考試時，會鼓勵自己，只要好好地考完這次考試，就會有一個長長的快樂的暑假等著我們。人可以選擇快樂地做一件事，也可以選擇痛苦地做一件事，那何不選擇給自己一個獎勵，讓自己快樂地工作呢？獎勵自己的東西可以是多種多樣的，給自己訂個目標，比如一件你垂涎已久的商品，你一直都想買下，但是你可以選擇暫時忍下，把它當作你努力工作以後的獎勵品，相信當你達到目標後開心地把它買下，你會覺得特別地有成就感。或者如果你是個「戀食族」，也可以找個時間犒勞自己，正像一首小詩上所寫：珍惜每一次小小的成功，珍惜每一次難得的擁有，給自己獎勵，為自己打氣。當你懂得怎樣去獎勵自己時，會時刻沉浸在一個積極向上的環境中，然後發現你的工作是有著很大的意義和價值的。

當然，我並不是提倡人們整日沉浸於物質或精神享受中，畢竟前提是，你完成了這個目標，而且是給自己設定的時間內完成任務的，如果能超前完美地完成了就更好了。我們都知道，目標至關重要，成功是用目標的階梯搭就的。要獎勵自己，最開始要設定一個目標，最好一開始就在紙上寫好你為自己設定的目標，以及你所需要完成的所需時間。有個定律叫帕金森定律，它是指：工作會自動地膨脹，佔滿一個人所有可用的時間，以及對自己的獎勵。所以你需要為自己設一個規定的期限。沒有時間表，你容易迷失方向。那麼你在工作疲憊不堪時還可以拿出來看一看，想到你達成目標時的獎勵和成就感，也許就成為了你工作中的動力了。

一九九五年的時候，美國政府曾經有一份報告稱，只有百分之十二左右的公司能夠按照自己的規劃最終達到起初的估算目標，剩下的公司都在實際的實施過程裡出現了問題。至於一般人，能夠制訂計畫並最終按計畫達到目標享受成功的，也不超過百分之五。這個比例實在令人心驚，為什麼絕大多數的公司和個人都失敗了？緣於他們對目標缺乏有效的管理。所以，或許你自己獨特的獎勵制度還能為你的毅力加固呢！

在投入工作的時候，很多人都目標遠大，積極主動，希望能夠受人賞識，得到認同，於是給自己訂下一系列目標，並用嚴格的標準約束自己，結果總不滿意自己的表現，繃緊神經是絕不放鬆。其實，過高的標準往往是會讓你得到相反的結果，一來難達到，二來易疲勞。這個行為本身是沒錯的，而且值得提倡，但是缺少了一個潤滑劑。適時獎勵一下自己，享受一下人生就是很好的調劑方法。人生要一鬆一緊，若是整天繃緊了弦，就像彈簧一樣，反而容易提早「退休」。若是沒有這種平衡，很高的標準，就未必是件好事。當工作任務很重，或者是遇到麻煩時候，不吝嗇地給自己一些獎勵，滿足一下自己的一些願望，也是美事一樁。善待自己，關懷自己，良辰美景奈何天，賞心樂事則由自己來定。獎出信心和力量，毅力與堅持，獎出你的好心情。

第一步：就當是給自己簽訂一個合約一樣，寫下你準備為自己能達到目標所獎勵的所有賞心樂事，就像是給自己一系列的允諾一樣，這是一種有效力的協議，對你具有約束力。不管是物質獎勵還是精神獎勵，每個人有自己喜歡做的事情，只要能讓我們愉快，身心放鬆就達到了獎勵的效果。如在空氣清新的公園裡散步，為自己泡一杯濃郁的咖啡，讀一本名著小說，喝點小酒，吃你最喜歡的零食，和你的寵物玩一下，與家人溫馨地共處等。

第二步：展望未來的一週（或者一天、一個月），給自己設定一個小目標和大目標。完成得越好，給自己的獎勵也就越大，這要事先計畫好，比如自己的方案在歷經艱難之後得到了上司的肯定，就獎勵自己一個牛排大餐，而工作辛苦了一天，而且做得不錯，就獎勵自己一個芬芳的熱水澡。消耗大量精力之後，給自己一點獎勵，快活一下。

第三步：要把上述兩點養成習慣。

著名巴西車手塞納，是一個非常高超的賽車手，給全世界熱愛賽車的人留下了許多難以磨滅的印象，他的成就無可超越，甚至現在的車王邁克爾．舒馬克也認為不敢拿自己的成就與他相提並論。塞納的外甥布魯諾面對他無可超越的成就，依然不顧家庭的反對，決然地準備踏入賽車界。布魯諾在適應完賽車比賽的節奏後，將逐漸邁向寶馬方程式，所有人都對他拭目以待，壓力肯定很大，為什麼非加入不可？布魯諾說：「因為賽車是他的一個夢想，他認為唯有真正走上夢想之路才能給他幸福的感覺，所以他就勇敢地上路了。」

很多人都認為拉爾夫．舒馬克是車王的弟弟，一直生活在他哥哥的光環下，自然有數不盡的無奈、遺憾，但他自己從不這樣想來折磨自己，從某一次的採訪可看出，他永遠都充滿著自信，記者提問他如何面對那些滿天的誹謗和謠言時，拉爾夫說過：「人生最大的特點就是：同情心遍地可得，但遭嫉妒卻是你自找的，我就屬於那種成功得讓人嫉妒的人。」對於早些時候流傳拉爾夫與邁克爾之間有隔閡，拉爾夫則坦言：「我們兄弟都過著理想的生活，我們可以將自己的愛好變成現今的職業──開賽車，我們也都有美滿的家庭，也都熱愛自己的事業……」沒想到這樣一個賽車手也有如此美好細膩的文字，但當我們看見拉爾夫略帶孩子氣的笑容時，怎麼能不相信他的幸福呢？

這也是一種獎勵，懂得知足，懂得獎勵自己，並沒有因為外界的評論而折磨自己，只是記住自己的夢想，調理自己的身心健康，感激自己能有一份無比熱愛的工作，並與家人一起分享喜悅。適度獎勵，怡然自樂，喜而忘憂，生活便有了顏色。

第5節 使自己的工作更有趣味

日復一日，年復一年，每天重複著同樣的工作，你對自己的工作還有興趣嗎？每天看看自己有什麼能力，比起某某人我能和他或她們那樣嗎？最後知道每個人都應發揮自己的優勢，做好自己。人總是說要幹一行愛一行，可是真正做到對每一個人都是有難度的，畢竟人都是有喜新厭舊的特性。而且，如果在職場中是不可能一帆風順的，事實上，興趣和職業很難完美地結合在一起，大多數人視工作為安身立命的基礎，雖不為樂，但已養成習慣，如果你一開始就不幸地必須接受一份你不感興趣的工作，俗話說：「興趣是最好的老師。」如果你對它沒有興趣，也就沒有熱情，少了一個很重要的發展動力，那你該怎樣在這個職位上發揮得優秀呢？所以，平衡好我們的工作和興趣是非常重要的。

一個模擬招募的電視節目中，現場招募的主要負責人為阿里巴巴集團主席馬雲先生，他問了個在職場內很經典的問題，是每個即將走任職場的大學生都可能會遇到的問題，值得認真思考。

他的問題是這樣的：「如果你感興趣的事情你的上司偏不讓你做，而你不感興趣的事情，上司偏讓你做，這時候，你會怎麼辦？」

選手簡單回答說：「和上司溝通。」

馬雲追問道：「如果溝通不成呢？」

選手幾乎沒怎麼思考就說：「那我要告訴他，我不為結果負責任。」

這種賭氣般的想法是很不成熟的。沒有企業願意請一個這樣情緒化的員工。工作應是放在第一位，不能要求企業完全按照你的個人喜好來安排你的行事。但興趣是長期發展的重要動力，我們應該怎樣做才能使自己的工作更有趣味，做起來其樂無窮，不分晝夜呢？

一、在條件允許下，盡量選擇自己感興趣的工作

著名的石油大王約翰．D．洛克菲勒說過一句話：「如果你視工作是一種樂趣，人生就是天堂。如果你視工作是一種義務，人生就是地獄。」或許這也能讓我們從中窺探出他成功的祕訣吧！

如果一開始你就找到了自己的興趣所在，找到了自己喜歡和想做的工作，那你就會離成

功更近。因為興趣是你不斷發展的源源動力，做你感興趣的事，你更容易全力以赴。工作不僅是維持生存的手段，還是幸福的重要來源，能選擇一個你最感興趣的工作是非常幸運的。

戴爾（Dell）是全球電腦業鉅子，是電腦界的風雲人物。當他只是德克薩斯大學一年級新生，就開始只憑手頭的一千美元起步創業，他是從在宿舍裡做電腦配件生意起步的。而奮鬥了這麼多年，如今的戴爾，名下企業已在同行中列全球第二，僅次於微軟。有一次，他應邀回母校演講，一位好享受的商科學生好奇地問他：「現在你的錢已經這麼多了，還要每天辛辛苦苦地經營著它幹嘛呢？何不趁著還算年輕能玩幾年，把企業賣掉，買一艘遊艇，天天在加勒比海曬太陽逍遙？」戴爾驚訝地回答道：「叫我開遊艇？那可要把我悶死了，你可知道，我每天做的是什麼工作嗎？管理一個產值數十億美元的企業多有趣呀！」

Sustainable Circles Corp.的總裁兼首席執行長詹姆斯．愛爾森（James Elsen）也表示，要想取得事業上的成功，熱愛是必要條件。如果做著你所熱愛的職業，那你總會有用不完的創造力和活力，你會變得精力充沛、自動自發。而如果從事的是你不喜歡的工作，那你是不可能體驗到這種工作效果的。

有人說過：一種不稱心的職業最容易蹧蹋人的精神，使人無法發揮自己的才能。這是有其中的道理的。

Amy生活在服裝設計之家，耳濡目染之下，很自然地，她也加入了這個行業，和父親並肩作戰，有名師指導，技術嫺熟，收入頗豐，可是不知道為什麼，她總覺得少了些什麼，雖然做服裝設計簡單而且賺錢，但她總提不起興趣來，無論她怎麼努力，工作成績都上不去，有一次還差點被人騙了一筆鉅款。後來，Amy的朋友建議她：「妳一直喜歡IT行業，何不乾脆轉行試試這行呢？」Amy決定給自己一個機會豁出去了，轉行到感興趣的IT行業。沒想到做不到一年的時間，Amy由於濃厚興趣和努力，在某電腦公司已小有成就，還得到公司老闆的重用，最重要的是，Amy感到做這份工作特別充實，能體現自己的最大價值。

一個人在選擇自己的職業時，不要僅僅問這個職位可以為自己帶來多少財富，可以讓自己獲得多高的地位、名望，而應該問：「我對這份工作是否感興趣？」

人要從內心喜愛所從事的工作，你的工作潛能就自然能得到最大程度的發揮，也能最大程度地體現自身價值。但如果你痛恨、厭惡自己所從事的工作，那你從心裡已對它產生了抗拒，則無論你如何強迫自己投入，也不會有什麼大的成就，結果可能也只是遺憾的碌碌無為。

二、如果條件不允許，告訴自己你對你的工作要負責任，並努力讓自己慢慢愛上它

職場中，很多人都面臨著要學會如何接納自己不喜歡、不感興趣的工作，這是社會必然，或許是公司安排，或許是另一個職業太熱門，競爭過於激烈，你不得不另擇一職業，這時面對著你不感興趣的工作，你該怎麼做？垂頭喪氣，整日委靡不振、敷衍了事，甚至沉淪得讓自己像活在地獄……這是何苦呢？雖然工作不是自己喜愛、樂於接受的，但工作更意味著你該對它負責任，不管如何，你還是要以認真負責的態度完成好你的工作。對工作負責就是對你自己負責，你手上每一份工作都是為自己而做的。責任在此，你就必須認真對待，不能逃避或敷衍，這是現代人生命成長必經的一個階段。比爾．蓋茲曾這樣說過：「如果只把工作當作一件差事，或者只將目光停留在工作本身，那麼，即使是從事你最喜歡的工作，你依然無法長久地保持對工作的熱情。但如果把工作當作一項事業來看待，情況就會完全不同。」

一群小男孩在公園裡玩軍事遊戲。這個遊戲裡，自然要有人扮演將軍，有人扮演上校，也有人扮演一般的士兵。有個小男孩比較倒楣，抽到了一般士兵的角色。既不是威風凜凜

的將軍，也不是有權力的上校，他要做的只是接受所有長官的命令，而且要按照命令絲毫不差地完成任務。

扮演上校的夥伴對他頤指氣使地說道：「現在，我命令你去那個堡壘旁邊站崗，沒有我的命令不准離開。」

「是的，長官。」小男孩雖然稚嫩，但非常認真，他努力地像個合格的小士兵一樣快速、清脆地答道。

接著，一群「長官」們大搖大擺地離開現場去商討重要的戰爭大事了；男孩在垃圾房旁邊，直直地立正，站崗。但可憐的小男孩被「上校」們遺忘了，過了很久，也不見有同伴的到來，就這樣時間一分一秒地過去了，小男孩的雙腿開始發瘦，雙手開始無力，這時已從下午到了傍晚，天色漸漸暗下來，小男孩站在荒涼的地方，自然害怕了，但是不見「長官」來解除任務，他覺得他不能不負責任地離開。

這時，一個路人經過，看到他在站崗，好奇地問他緣由，小男孩原原本本地告訴了他，成年人有些好笑，想想定是他的同伴玩得開心，忘了他，就勸他說公園裡都已經沒有人了，讓他回家。可是倔強的小男孩始終不肯答應。

「不行，這是我的任務，我不能離開。」小男孩堅定地說道，他認為這是他的職責所在。

路人被他的倔強搞得很無奈，只好對他開玩笑說希望明早還能在這見到他，小男孩開始覺得事情有一些不對勁，但他強烈的責任感還是讓他不為所動，堅持站在原地，善良的路人發現公園再過十分鐘就要關門了，不忍心讓一個孩子獨自待在這裡到天明，他想了想，去找人求助了。

正在這時，他看到一位軍官走了過來，路人告訴了他情況，他瞭解後，立刻脫去身上的大衣，亮出自己的軍裝和軍銜。接著，他非常嚴肅地以上校的身分鄭重地向小男孩下命令，讓他結束任務，離開職位，小男孩也認真地向他回了個禮，回家了。

軍官對小男孩的執行態度十分讚賞。回到家後，他告訴自己的夫人：「這個孩子長大以後一定是名出色的軍人，他對工作職位的責任意識讓我震驚。」軍官的話果然應驗了，小男孩長大後，果然成為一名赫赫有名的軍隊領袖——布萊德雷將軍。

責任感也是一種強大的動力，幫助你在職業中獲得成功。

無數前人都告訴過我們，興趣是可以後天培養的。科學上這樣定義，興趣是指人力求認識某種事物或進行某種活動的心理傾向。它是一種穩定的心理傾向，而不是偶然的，再次證明興趣後天培養的可行性。

首先，以認真負責的態度工作，當成功地完成了任務時，你嚐到甜頭，就會發現這個工作其實也不難嘛！自己對付它是綽綽有餘的。有成就感能幫助人更容易接納它，並對它產生興趣。告訴自己，你完全可以掌握它，久而久之，就有一種林子祥的「大地在我腳下，國計掌於手中」的驕傲。欣賞自己的成果，當然也不能操之過急，因為成果不一定會很快就出現，但當它一出現，你就要對自己進行這樣的心理暗示。

其次，平常工作時就時刻鼓勵自己，你一定可以很好地完成工作，你會對它產生興趣。

最後，在一開始，你就絕對不能對這個工作抱有反抗、叛逆的心理，否則，你就會不自覺地對它產生抗拒的意識。意識的力量是強大的，你只有一直都用友善的心理面對它，別只把它當負擔，把它當成一個可愛的、有點麻煩的朋友，但是你們互相喜歡，才會保持著你的進取心。再來可以找一個優秀的人做為你的榜樣，用你的好勝心戰勝對它的不悅。

第6節 讓自己更超脫些

身在職場中，無處不在的壓力、殘酷的競爭、強勁的對手、過重的工作、節奏太快的工作，久而久之，令人不堪重負。這時，你要讓自己知道，在職場中，保持平和和超脫的心態，可以讓你快樂工作，幸福生活。

某知名人力機構進行了一場就職場男性壓力狀況展開調查，可以表示當今的職場男士壓力狀況，有近六千名職場男性參與。從該調查可看出，當今職場男性的生存狀況並不樂觀，超過三成男性曾因工作壓力而流淚，找人傾訴是他們最有效的減壓方法。另有43.1%的職場男性認為壓力已難以接受，50.2%表示有壓力但尚可接受。41～50歲男性感覺各方面壓力最大，達到了55.6%。而且調查顯示，大多數職場男性對薪酬不滿意，比例達到了72.7%，比前一年高出3.3個百分點。

工作壓力就像流感一樣，已在全球範圍內瘋狂蔓延，世界衛生組織稱工作壓力是「世界範圍的流行病」。看來壓力已經成為多數人共同的抱怨，美國的統計資料顯示，每年因員工心理壓力給公司造成的經濟損失高達3,050億美元，超過五百家大公司稅後利潤的五倍。某項調查發現：壓力被列為英國白領職員缺勤原因之首，同時也是藍領工人缺勤的四大原因之一。

還有一些職場新人表現出「命令不得」、「說不起」、抗壓能力不強等問題，被冠以「草莓族」的稱號。他們外表是職場白領光鮮亮麗，但內心「質地」卻像草莓內裡一樣棉軟無力，不堪一擊，稍微遇到點壓力就抵抗不住，變成一團稀泥了。自尊心特別強，不能承受一點小打擊，這樣就是太過脆弱，太不夠超脫了。著名心理學家羅伯爾說得好：「壓力如同一把刀，它可以為我們所用，也可以把我們割傷。要看你握住的是刀刃還是刀柄。」

某公司最近的統計部門新來了一名年輕女員工，她是某明星大學金融專業畢業的，成績優異。外表乖巧文靜，禮貌大方。

一次，她和同事一起處理資料時，她多次出現失誤，把表格填錯了。陳小姐也只是婉轉地指出她的錯誤，她聽到後不說話，只是在電腦前流眼淚，接著竟嚎啕大哭起來。陳小姐勸了半個多小時也沒用。最後，大家只得無奈地幫她加班來完成工作，同時暗暗嘆氣，這女孩的承受能力如此之弱！

同事們都表示，與這類「草莓族」工作很辛苦，說話重不得，受不了一點壓力，工作上只能順他的意，很難有大的成就。

面對職場壓力，如果你不會排解，慢慢地會形成陰鬱的心理，並產生易怒、多疑、抑鬱等「病症」。所以，我們要學會超脫。

首先，我們要瞭解一個事實，從某些方面來說，壓力其實是健康的，壓力的形成是由於身體細胞的內在平衡失調，這時，只要不嚴重，壓力荷爾蒙可以幫助我們再次平衡身體功能，所以，我們不必談虎色變。第二，壓力究竟是怎樣形成的，其實，很多人對壓力的看法都是錯的，繁雜的工作量並不能產生壓力，壓力是我們自己對某些事物的反應而產生的，如甘地曾經每天都能保持十六個小時的工作量而且仍然精力充沛，因為他學會專注。如果你能忘記你有多少件事需處理，而只是每次專心致志地處理一件事，然後再心無旁騖地處理另一件事，你或許就會忘記了壓力。

事實上，減壓的方式很多，比如有專家推薦的十二星座各具特色的減壓方法，可以根據你是哪個星座而進行針對性地減壓，或者運動、瑜伽等都可以做為參考。

曾經有位大師每天都有非常繁忙的教學課程，但他每天都過得非常開心、輕鬆，他的學生們覺得很奇怪，為什麼老師在這樣沉重的教學中還能保持一副沒有壓力的樣子，心平氣和，而且永遠精力充沛，充滿活力。

於是他們集體問老師這個問題，老師的回答非常簡單：「我站著的時候，就站著；走路的時候，就走路；跑步的時候，就跑步。」

學生們顯然對這個答案不滿意，於是異口同聲地說：「這不是祕訣，因為我們也是這樣做的，但奇怪的是，我們卻覺得有很大的壓力。」

老師笑一笑，回答說：「也許原因是：你們站著的時候，已經走路了；走路的時候，已經跑步了；該跑步的時候，又已經急著要到目的地了。」

在職場中，競爭是殘酷的，但不要認為只有殘酷是競爭的代名詞。競爭不是只有你死我活，沒有硝煙的戰場等。它也可以是平和地，相互促進地。

學會超脫一些，這是一種良好又高明的心境，這個社會是適者生存的，而適應環境才能讓我們有更好的發展和表現。變得超脫的方式有很多，你可以嘗試：其一，記住好事，忘記壞事。其二，保持樂觀。其三，珍惜你所擁有的。其四，學會放棄。

小測驗——你職業倦怠了嗎？

在進行測試時，請不要猶豫，看懂題意後馬上作答，然後計分：

1.你是否在工作後用餐感覺沒食慾，嘴巴發苦，對美食也失去興趣？

A、經常　B、有時候　C、從來不

2.你是否感覺工作負擔過重，常常感覺難以承受，或有感覺喘不過氣來？

A、經常　B、有時候　C、從來不

3.你是否感覺缺乏工作自主性，往往只是主管讓做什麼才做什麼？

A、經常　B、有時候　C、從來不

4.你是否認為自己基本上待遇微薄，付出沒有得到應有的回報？

A、經常　B、有時候　C、從來不

5.你是否經常在工作時感到睏倦疲乏，想睡覺，做什麼事都無精打采？

A、經常　B、有時候　C、從來不

6.你有沒有覺得公司待遇不公，常常有受委屈的感覺？

A、經常　B、有時候　C、從來不

7.你是否在以前一直很上進，而現在卻一心夢想著去休假？

A、經常　B、有時候　C、從來不

8.你是否會覺得工作上常常發生與上級不和的情況？

A、經常　B、有時候　C、從來不

9.你是否覺得自己和同事相處不好，有各式各樣的隔閡存在？

A、經常　B、有時候　C、從來不

10.你是否在工作上碰到一些麻煩事時急躁、易怒，甚至情緒失控？

A、經常　B、有時候　C、從來不

11.你是否對別人的指責無能為力、無動於衷或者消極抵抗？

A、經常　B、有時候　C、從來不

12.你是否覺得自己的工作不斷重複而且單調乏味？

A、經常　B、有時候　C、從來不

選A得5分，選B得3分，選C得1分。做完題後，把各題得分相加，根據得分情況，對照測試結果：

12分～20分，你沒有患上職業倦怠症，你的工作狀態不錯。

21分～40分，你已經開始出現了職業倦怠症的前期症狀，要留意，並應盡快加以調節。

41分～60分，你對現在的工作幾乎已經失去興趣和信心，工作狀態很不佳，長此以往對個人的身心健康和工作都非常不利，應當引起重視，可以請求心理諮詢師給予諮詢和幫助。

第五章

職業精神

薪水到底誰來決定

根據強制分布理論，「全球第一CEO」威爾許提出了「活力曲線」（Utality Curve）這個特別的概念，根據這個理論，他要求通用電氣公司的各層管理者每年要將自己管理的員工進行嚴格的評估和區分，找出為企業做出巨大貢獻的員工、一般的員工和問題員工，管理層對待這三類員工要區別管理，這樣才能讓他們的潛能發揮得最大。

第一類是佔全企業大約20%的明星員工：他們是熱情滿懷、認真負責、積極主動、工作踏實的員工，他們最可貴的素質就是不僅自己渾身充滿活力，而且有能力帶動自己周圍的人提高企業的生產效率，往往為周圍的人提供了榜樣作用。有研究證明，很多人雖然從事相同工作，即使他們擁有相同的教育背景和從業經驗，但優秀員工和一般員工在工作效率上也會存在巨大差異，他們的比較可能是產出高達二十倍。

第二類是佔70%的活力員工：他們與第一類員工相比最大的差異，就在於是否擁有熱情，他們認為只要任勞任怨地發揮現有的能量和實現自己認為的價值，對自己的工作負責就夠了。管理層需要提升這類員工的工作熱情。

第三類是佔企業10%的落後員工：這類員工不僅不能勝任自己工作，他們的存在還會打擊別人的熱情，而不是激勵，他們是使企業管理者頭痛的刺頭，而且經常拉低團隊的工作效率。

管理者應視實際表現，剛開始讓這類員工得到一到兩年的改進緩衝期，逾期無改進者則會被無情地解雇。威爾許認為，讓一個人待在一個並不能讓他成長進步的環境中，才是真正的野蠻行徑。解雇這種方式看似無情，反而對他的成長更好，因為在公司內部被淘汰，他還有機會去尋找新的、適合他的機會，如果放任自流的話，他最終只能被社會淘汰，成為一個無用的人。

透過「活力曲線」的標準來制訂出獎勵制度，對每類員工自然要有區別待遇。在通用電氣公司，第一類員工應該分享大部分股權和利潤，失去第一類員工是管理者犯的錯誤，領導者一定要熱愛他們，不要失去他們。一旦失去一個第一類員工，管理者就要做出檢討，為何沒為公司留下這些優秀員工，哪裡做得不好，避免下次再次失去這類員工。

看完這位「全球CEO」的理論，好好想一想，你是哪類員工呢？是明星員工、活力員工，還是落後員工呢？對企業來說，區分這三類員工最大意義在於，對他們的待遇方面進行分別對待。他們甚至認為失去第一類員工是一種罪過，領導者要負相對損失的責任。那麼第一類員工究竟為何讓領導者如此重用，他們有著什麼別的一般員工沒有的職業精神呢？這章我們就來對此探討一下。

第一節 主人翁精神：把公司當作你自己的家

主人翁精神，是指一個人在基本符合某一個職位任職資格的前提下，進入到該職位中，按照該職位的要求，履行和完成職位所賦予的全部工作，實現個人的社會價值。在這裡，是指更進一步地願意與企業同甘共苦、同舟共濟、榮辱與共，深化「企興我榮，企衰我恥」思想，把公司當作自己的家。公司裡每一個員工都是組成公司的一個細胞。

著名企業文化作家湯姆．彼得斯推出過一本《贏得優勢——領導藝術的較量》，他在這本書中說：「我已不滿足《尋求優勢》一書中所介紹的信任人、關心人、愛護人的觀點，而是要進一步使每一個員工都成為主人翁，人人都成為企業家。我要為主人翁精神大聲歡呼、喝采！」他還運用了大量的事例闡述一個黃金法則：只要你把所有的員工都看成主人翁，員工就會把公司看成自己的。他們就會主動地為公司盡心盡責。主人翁意識對一個企業的競爭力來說，是非常重要的。因為如果每一個人都有主人翁意識，都把公司內部的事當作自己的事來做的話，公司無形當中會形成很大的競爭力。

企業員工的主人翁意識，是企業發展的動力，它意味著誠信、團隊、務實、積極、專業和創新。只要擁有了主人翁意識，你會覺得自己的工作非常有價值，企業也會因為這樣而發展得更快、更好，最後你也會因此受益的。

有一個「職位股份制」的理論指出：每一個職位，都是一個股份制公司，這個公司有兩個股東，分別是老闆和員工。老闆投入貨幣資本，表現在資金、廠房、設備等等之上，要求回報利潤；而員工投入人力資本，表現在知識、經驗、技能等等之上。要求回報的首先，是知識、經驗、技能。多做一個工作，就多累積一次經驗。克服一個困難工作，就等於爭取了一次技能提升的機會。最後，知識、經驗、技能大大提升，報酬的提升就會是理所當然水到渠成的事情。

在你心目中，公司是你的什麼地方？單單每天工作的地方？然後一個月給一次薪水的地方？還是你的大家庭？你會趁工作之便，偷偷地把滑鼠墊、文具等帶回家嗎？把公司僅僅當作自己工作的地方，那你不會對它有什麼感情可言，只是每日機械地工作，也不會對工作有很大熱情，因為你感覺只要保證自己不會被「炒魷魚」、保證薪水不變，工作得好與壞跟自己並沒有太大關聯。而如果你把公司當成自己的家，馬上就不一樣了，公司是你的家，你對它的一草一物都充滿著感情，你會非常珍惜這份工作，因為沒有人會想離開自己的家，你會一有機會就關注公司的一切資訊，時時刻刻關心企業發展，遇到什麼問題立即找相關部門協調。當公司裡所有員工都熱愛企業，為企業發展出謀劃策，才能與企業共榮辱，為公司的發展好壞而擔憂或欣喜，而且會把你的同事當作共同奮鬥的兄弟姐妹……總之，你在工作中的狀態會很不一樣了，如果是為自己的家而工作，每個人都會盡心盡力，認真負責的。

也許有人會覺得奇怪、不解，為什麼一定要把公司當成自己的家，只把公司當成單純的營利性企業不行嗎？也有人會質疑：公司裡真正的主人就是老闆，員工只不過領薪工作，怎麼會是企業的主人翁呢？擁有「我」也是企業的主人這種理念，有什麼好處呢？

其實擁有了這種理念，就是擁有了工作中的主人翁精神，把自己當成企業的主人，當成企業的一分子，更是以一種與公司血肉相連、心靈相通、命運相繫的感覺，這樣就能認真去做好每一件事情，去面對每一個客戶。

杜邦公司每年度都要在底特律舉行「年度杜邦員工最高成就獎」、「優秀員工」、「明星員工」的頒獎儀式。

麥克爾·柯維先生是杜邦公司的一名一般員工，但他工作還不到三年，各式各樣的榮譽就開始向他飛來。工作的第一年他就被評為公司的「優秀員工」；第二年他升級了，被評為公司裡光環四射的「明星員工」；第三年，他又飛到了底特律總部，集齊所有最優秀的員工接受了「年度杜邦員工最佳成就獎」。

至於這位新秀為什麼屢屢得到這樣的榮耀？從公司總部的嘉獎令上或許能給我們答案：「麥克爾·柯維先生已經把杜邦公司當成了他自己的公司，他認真負責、一絲不苟的工作態度，值得我們所有人學習。他把認真工作當作了一種責任。我們沒有理由不獎勵麥克爾·柯維先生。確實，這是我們共同的公司，沒有認真做事的態度，就不會有責任感，而沒有責任感的人，更談不上認真。在此希望麥克爾·柯維先生能再接再厲，再創輝煌。」

海爾的員工準則裡寫道：從您加入海爾集團的第一天起，您就成為了海爾集團的一名「企業人」，您的一舉一動將不只代表您自己形象，更重要的是代表整個企業。從你加入企業的第一天起，你就要牢記你是這個企業的一員了，你為它工作，為它貢獻，你也是它的主人。既然如此，就要無時無刻維護公司的形象。因為員工們的形象決定企業的形象，沒有維護企業形象的意識，肯定不是一名合格的員工。

一個熱愛公司的優秀員工，不管身在何處，不管是在公司內還是在其他地方，都會非常注重自己的形象，並且願意極力維護公司好聲譽，因為他們明白自己形象在別人面前就代表著整個公司的形象。這是基本職業道德觀。如果四處誹謗企業，挖空心思地諷刺企業領導人，一定是沒有主人翁精神的人，試問有誰會整日自曝家醜呢？

維護公司的聲譽，第一點是應該注重自己在公共場合要講求修養，合乎禮貌，因為這是人的基本素質。一個人的內在修養可以透過外在禮貌表現出來，至於禮貌就是言語、服裝、招待、打電話等都應遵守的基本禮儀，而且對上以敬、對下以慈、對人以和、對事以真，那你就能為你的公司爭取到一個好的形象。

阿基勃特曾經只是美國標準石油公司的一名再一般不過的職員，但他有一個很特別的做法就是，無論去了怎樣的場合，只要要求簽名，他都會在自己的簽名下附加上當時公司的一句著名宣傳語「每桶四美元的標準石油」，從不間斷，這樣堅持的時間久了，他的同事、朋友們乾脆給他取了個「每桶四美元」的外號，他的真名反而被人給忘了。

後來，這件趣事被公司董事長洛克菲勒聽說了，便叫來阿基勃特，問他：「別人用『每桶四美元』的外號叫你，你為什麼不生氣呢？」阿基勃特平靜地答道：「『每桶四美元』不正是我們公司的宣傳語嗎？別人叫我一次，就是替公司免費做了一次宣傳，我為什麼要生氣呢？」他已經把這當作是自己應當承擔的義務，洛克菲勒感嘆道：「時時刻刻都不忘為公司做宣傳，我們需要的正是這樣的職員。」

便從此開始重用阿基勃特，五年後，洛克菲勒卸下董事長一職，阿基勃特成為標準石油公司的下一任董事長，他得到升遷的重要原因就是之前堅持不懈地為公司做宣傳，從來不忘記自己的責任。

麥當勞的其中一條員工準則是「注重整體利益」，即當你做每一件事情時，都應考慮它會如何影響整個公司的利益。例如，如果一位服務員為顧客提供了最熱情周到的服務，他就會願意一再光臨，甚至宣傳、邀請吸引更多的顧客過來，這就為企業無形中增加了很多利潤。微軟也要求員工要有主人翁精神，就是認定自己工作的價值，願意以此為公司賺取更多的利潤，樹立主人翁意識，為公司著想，把自己當作老闆，認為公司就是自己的，每天都會竭盡全力地想怎樣讓它發展得更好。它在招募人才、使用人才時，特別青睞「三心」人才。

所謂「三心」人才，其一就是熱心的人。這種熱心是指對公司充滿深厚的感情，對工作時刻保持熱情；能謹記以公司整體利益、長遠利益為重，視公司為家，視同事為自己的家人共進退，團結協作、同舟共濟、榮辱與共。

有著長遠歷史的聯邦快遞公司在成立之初，也曾經歷過一段因經營失敗而負債累累、舉步維艱的時期，但全公司從上到下，團結一致，如總裁弗雷德就以身作則，從不退縮，才成就了現在的聯邦快遞。

當時為了度過難關，抵償公司的債務，讓公司重新走上正軌，弗雷德做了很多現在人們看起來都非常瘋狂的事——賣掉了自己的私人飛機、偽造律師簽字、從家庭信託基金中提取本屬於他兩個姐姐的錢。為了支付員工的薪水，坐飛機到賭城拉斯維加斯賭場碰運氣，沒想到上天似乎也在眷顧著他，他用數百美元贏回了兩萬七千美元，來支付了員工的薪水。

為了改善經營情況，弗雷德竭盡全力招攬客戶、開拓市場，他經由在西部開闢了六條航線，而且盡可能地把價格降到最低，來贏得市場，幾乎是零利潤。

當然，如果只有弗雷德一個人孤軍奮戰，聯邦也是不可能重新輝煌起來的，或許是他這種可怕的執著和意志力感動了員工，總之，他擁有了一群優秀的手下，員工們把公司當成了自己的家，把復興公司當成了自己的「必達使命」，他們與公司同舟共濟，幫助公司度過難關。當時，他們在這種主人翁精神的激勵下做出了很多感動人心的故事。

有的聯邦快遞司機抵押了自己的手錶來購買汽油；當執法官來查扣鷹式飛機時，員工們自動自發把飛機藏起來；面對公司一度達到的每天八十萬件額外包裝件，數千名雇員自願在午夜之前來到貨倉，連夜清理堆積如山的貨物。

有這樣的團隊怎麼可能會有克服不了的困難呢？深受感動的弗雷德，曾經在報紙上用整整十個版面表達對員工們的感謝，並用軍人的敬禮來結束這份感謝詞。他說：「你們的工作非常出色，你們對自己的事業具有高度的責任感。」

後來，在聯邦快遞步入正軌，並重新取得了更輝煌業績以後，弗雷德自然不會忘記當時陪他一起走過的功臣，他對員工給予了前所未有的豐厚物質報答，還慷慨地承諾不裁員、最高薪水、利潤共享、管理人員擁有股權等政策，同時，透過一系列培訓計畫為員工規劃出未來發展的方向，讓這些員工過上物質豐厚幸福的生活。

常常聽到有的員工抱怨，「憑什麼讓我們天天加班？管理者苦幹是應該的，這又不是我的企業！」甚至以得過且過的心態去面對工作，管理者在時裝裝樣子，管理者不在時就自由散漫。反正工作都是為老闆做的，領多少薪水做多少事，只要不影響薪水、獎金，工作上投入的能越少就越好。

在企業中，企業的領導者，可以說是在為自己而工作，但他更要為企業創造業績，同時也要對自己負責任，對員工負責。公司是由每一個人組成的，大家有共同的目標和共同的利益，因此，公司裡的每一個人都肩負著公司生死存亡、興衰成敗的責任。這份責任在每個員工的肩上，無可推卸，即使你的職位再低。你如果意識不到這一點，就是失職。

一個人如果不時刻銘記著：「公司的利益要擺在首位」，那麼，即使他有著再厲害的才能，也不會是一名優秀員工。一個只記得把自己的利益放在首位的人，是目光短淺，難成大器的。如果你有為自己工作、是企業主人的心態，那麼你就具備了一個優秀員工的素質。

喬治是一個優秀的專業木匠，他做了一輩子木工，因他的敬業和勤勤懇懇的工作而深得老闆的信任。當他年老力衰時，他對老闆說自己想退休回家，像個平凡老人一樣與親人一起共享天倫之樂。

老闆與他共事這麼久，充滿了感情，百般挽留，無奈他去意已決，也一直堅持要退休。

老闆只好答應他的請辭，但希望他最後的工作就是再幫助自己蓋一棟房子。面對這麼多年一起工作的老闆，喬治想不到理由去推辭這樣的請求。

但喬治其實滿腹牢騷，埋怨老闆不肯放行，歸心似箭，根本沒用心思在這棟房子上。用料簡單粗糙，做事粗心大意，隨便糊弄過去就行了。直到房子已經蓋好後，喬治立即興沖沖地向老闆請辭。這時，老闆做出了一個讓喬治意想不到的舉動——老闆竟然將房子的鑰匙交給了喬治。

老闆說：「你為我工作了一輩子了，我就送給你這份禮物做為感謝。」老木匠愣住了，又悔恨又羞愧。沒想到他一生蓋了那麼多精緻用心的豪宅華亭，最後卻為自己建了這樣一棟粗製濫造的房子。

如果喬治最後也能像平常一樣，用主人翁精神認真地建好房子，那他最後就能為自己建好一棟精美漂亮的房子。有些員工又何嘗不是這樣，他們漫不經心、湊湊合合地去工作，認為那是老闆的事業，老闆的「房子」，他的發展好壞與自己無關，每天工作不是積極行動，而是採取消極應付、得過且過的方法，做任何事都不肯精益求精，突然有一天，他們會發現其實早已深困在自己為自己建造的網裡作繭自縛了。老木匠正是缺乏主人翁意識，所以最後陷入了自己構築的困境中。

一個企業的員工，不管老闆在不在，不管公司遇到什麼樣的挫折，都願意全力以赴，願意幫助公司去創造更多財富走出困境的主人翁心態，才能成為一名合格的員工。

彼得只是一名裝修工人，他在安德魯裝修公司裡工作，不誇張地說，在所有工人中，有的工作細緻，有的馬虎，但最認真、給別人留下印象最深的、把工作做到完美程度的就是彼得：他個子矮小但人很聰明勤快，絕不浪費雇主家的任何東西，如他寧可用自己的手試驗膠水的牢度也不會浪費雇主家的一塊木板。他會把工作做得很完美，找不到缺陷，還總是主動給雇主節省很多材料，比如釘子、膠水等。當他在詹森家工作的時候，很讓他省心，但他也很好奇，於是完工的時候，詹森問他：「每次都是這麼細緻地給別人工作，不覺得虧嗎？」彼得淡然一笑：「工作是為自己做的！」詹森震撼了！這句好似充滿智慧的話，竟然是從一個裝修工人嘴裡說出來的。安德魯裝修公司的效益越來越好，與此同時，彼得的職位也得到了提升。

所以，要記得，看似為老闆建「房子」，其實還是為自己建「房子」，因為你的努力也是為自己增加了經驗、技能。比爾．蓋茲曾經說過：「一名優秀的員工是怎樣的呢？做為獨立的員工，你要為自己設立一個遠大的目標，並且每天都要有計畫地透過一個個具體的指標來完成這個目標，不要把薪水和晉升做為工作的唯一動力，要把職業和生命追求緊緊聯繫在一起，並為此而傾注全部的力量和智慧。把單調、繁瑣、乏味的工作，當作是自己最熱愛、最傾力的人生目標，並傾注自己最激烈的熱情。忠於公司、忠於老闆、與其他人和諧共處、同舟共濟，在與團隊的共同成長中提升自己的素質。」

斤斤計較自己的薪水得失，往往得不償失。為高收入頻頻跳槽則太過短視，只有在企業中具有「主人翁精神」，努力認真工作，才能成為一名真正的、優秀的職人。

波音，世界五百強排名六十三位，其員工精神是：我們每一個人都代表公司。讓我們都應時刻謹記提醒自己這一點。

總之，企業的主人並不單純就是老闆，我們自己也是，這就和「水能載舟，亦能覆舟」的道理是一樣的。我們就是水，不流動的話，又怎能讓企業更快地往前發展呢？企業興，員工榮；企業衰，員工恥。

個人利益和公司利益是一致的。這是一個淺而易見的道理，「我靠企業生存，企業靠我發展」。這就如天平的兩端，一方是企業，一方是員工，要保持天平的平衡，必須達到兩方的和諧與統一。企業創造了價值，服務了社會，造福了員工。

做企業的主人，應該體現在行動上，時刻維護公司的榮譽，時刻把公司整體利益擺到第一位。工作的滿足感來自一貫的表現，可以肯定的說，做為一名有工作熱情的員工，你的存在會使企業更強，企業的發展也會讓你的前途更美好！

第2節 自覺精神：老闆在不在都能堅持認真工作

所謂的自覺精神，是指不管老闆或上司在不在，不管工作中有沒有人監督你，都能堅持認真工作，對自己的工作負責。人都有個弱點，就是最難戰勝自己。

成功學的創始人拿破崙．希爾曾說過：「自制是人類最難得的美德，成功的最大敵人是缺乏對自己情緒的控制。」而能夠堅持一直自覺認真對待工作的人，擁有的也可以稱為自律精神，自己約束自己，自己要求自己，由他律到自律。

很多人當沒人監督的時候，很容易就鬆懈自己的精神，放鬆心態。想著反正沒人知道，自己的薪水也不用擔心受影響，何不忙裡偷閒一會兒呢？其實不然，不要認為只要上司不在就可以偷懶了，比如在公司裡打電話聊天、玩玩遊戲、推託任務給同事，表面看起來這是一種小聰明，你還會為這樣的小聰明而沾沾自喜，但實際上這是一種不思進取、缺少責任心和時間觀念的表現，雖然看起來了無痕跡，但你能保證手頭上的工作績效不會受一點影響嗎?

老闆絕對不會欣賞這樣所謂「聰明靈活」的行為，升遷的機會也會與你絕緣。我們在公司上班，那麼公司的發展和自己的發展也就休戚與共，所以需要有強烈的自律意識。如果一個員工沒有自律能力，那他在工作上的敬業程度就會大打折扣。自覺精神是一種自己自覺自願地執行來追求長遠目標的意識。追根究底，是個人責任感是否強烈，會不會主動地為自己的工作負責。

美國西點軍校尤其重視對這些軍人責任感的培養，明白指出：沒有責任感的軍官不是合格的軍官。在企業中也是一樣的，沒有責任感的員工也不是優秀的員工。缺乏責任感難免會失職，工作就是你的責任。像聯邦人一樣，他們每個員工都把工作看成是被賦予的使命，無論做什麼事情，要嘛就不做，要做就做到最好。其中最重要的是要保持一種積極的心態，即使是辛苦枯燥的工作，也是你必達到的使命，也是你必須銘記對公司和工作負責的時候，當然你就該認真對待工作，從不懈怠，努力做到最好。當你學會無論如何都要完成使命，也就是成功漸漸向你靠近的時候。成功的員工，在工作中總是主動要求承擔更多的責任或自動承擔責任。日久天長，他就成了公司的優秀員工、中流砥柱。

事情可以做好，也可以做壞；可以高高興興驕傲地做，也可以愁眉苦臉和厭惡地做。但如何去做？完全在於自己，這是一個選擇問題。而如果你選擇的是愁眉苦臉和厭惡地做，就不會認真對待，也不會抱著高度責任感去完成，自然不會高品質地完成工作了。

員工工作中自覺態度的高低，體現了他責任心的強弱，所以，培養員工強大的責任心是每個企業都重視，也是管理層一直都要關注的問題。當然，很多企業也在招募過程中，經由篩選來找到有責任心的優秀人加入自己公司，因為員工的責任感對企業來說是走向成功的保證。IBM公司有一句名言是這樣的：員工的能力與責任的提高，是企業的成功起源。員工如果擁有了高度的責任感，就會在工作執行中不僅一定會保質、保量，還會努力追求到盡善盡美的境界，如果擁有這樣一群高度責任心的員工，哪個公司不會成功呢？

微軟董事長比爾．蓋茲曾對他的員工說：「人可以不偉大，但不可以沒有責任心。」高度的責任意識會幫助員工走向卓越。企業會非常重視在工作中對員工責任心的強化，事實上，據心理學分析，要做到自覺，與人的自制力、踏實、恆心、勤奮、刻苦、毅力、忍耐性、頑強性、挫折承受力等積極心理因素有關。提高員工自覺性，充分發揮每一名員工工作主動性、積極性，使每一名員工能真正做到「不用揚鞭自奮蹄」，對企業的持續性發展有著舉足輕重的作用，也是每個企業渴望員工達到的狀態。

中國文學界的泰斗季羨林先生，在戰爭時候曾經居住過德國，他很感慨地總結德國人：「無政府條件下卻沒有無政府現象。」季老師說這句話的理由，是他那時親眼目睹、親身感受了德意志民族在那時一片混亂、無政府狀態下，表現出怎樣的高度自覺性。

二戰時期的最後一個冬季，當時由於盟軍的合圍夾攻，而且由於長年戰爭，德國的政府形同虛設，政府機構早就空了，只派了幾個人象徵性地留在裡面，德國很多東西都無法進口，燃料一樣奇缺，老百姓根本沒有用於取暖的煤。在寒冷的冬季，為了讓居民取暖，政府做出決定，允許居民上山砍樹。但是為了保護樹木，只允許居民砍伐那些枯朽的老樹和劣質樹，並派人在這些樹木上畫了紅色標記。

如此的廣闊範圍，不要說多派人手監督了，連監督的人都沒有，在這樣無監督的狀態下，要是在中國早就一團混亂了，但季老師那時卻發現，在他居住的城市裡，在他熟悉的街道上，沒有發現有任何一個人砍伐沒有紅色標記的樹木！大家井然有序，從外到內，即使再麻煩，即使那些紅色標記的樹離自己再近、再方便，也只砍伐那些沒有什麼價值的樹木，節儉地做燒火取暖之用，還相當於給樹林進行了一次衛生清潔。

雖然在二戰中一敗塗地，但這種可貴的自覺精神，已經成為德意志民族一種深入骨髓的習慣和秉性，已經錘鍊成他們的民族習慣，是他們的優秀民族傳統，也是我們所該學習效法的。為什麼在戰敗後短短幾十年的時間內，他們又重新屹立起來，成為當今世界的強國？他們成功的關鍵也就是他們整個民族高度的自覺性。

有兩種人永遠無法超越別人：只做別人交代的工作的人，和做不好別人交代的工作的人。他們要嘛會成為第一批被裁員的人，要嘛在同一單調卑微的工作中耗費終生。其實，天底下哪有不勞而獲的東西，唯有肯付出血汗與時間者，才能享有成功的果實。

無論你做什麼工作，無論你面對的工作環境是鬆散還是嚴謹，你都應該辛勤的付出與工作，不要老闆一轉身就開始偷懶，沒有監督就沒有工作進度。你只有在工作中磨練自己的能力，使自己不斷提高，加薪、升職的事才能落到你頭上。反之，如果你凡事得過且過，從不認真工作，那你就會被老闆毫不猶豫地排斥在他的選擇之外。

一位著名企業家說過：「缺乏使命感是一種靈魂的缺陷，一種只想到利不想到義，只想到我不想到他，只想到小不想到大，只想到今天不想到明天的靈魂缺陷。使命感不在好高騖遠裡，也往往不在轟轟烈烈裡，使命感就在你的身邊、手中、腳下，就在你平凡的工作裡。一個人對待本職工作的態度是半心半意、半推半就、半途而廢，還是全心全意、全力以赴、有始有終？有無使命感的分水嶺，就在平凡的表現裡。忠於職守就是最大的使命！」

在動物界中，牧羊犬是最盡職盡責的，牠的高度責任感讓人類也會深感自愧不如。平時的工作牠們就非常嚴謹認真，即使牧羊人已遠遠離開，也照樣有一雙警覺的眼睛在不倦地巡視著，保護羊群不受野狼的偷襲。實際上，主人只是提供牠一個食宿之地，而牠回報給主人的是無懈可擊的態度，讓主人百分百地放心！牧羊犬自覺、忠誠，牠們積極主動地擔負起保衛、警戒和放牧的工作，忠於自己的職責，一絲不苟，自然深受主人的喜歡！

在企業裡，工作業績的好壞固然與能力相關，但盡職盡責是成功的必要前提。你是一個盡職盡責的人嗎？你能讓老闆放心嗎？總歸一句話，你有牧羊犬的精神嗎？這將決定你能否得到老闆的重用和信任。衡量員工的標準，是業績，而關鍵靠的就是你的責任心！

舉個非常簡單的例子，如果你公司上班的時間是九點，那你會在什麼時候到達公司呢？是八點四十分、八點五十分，還是剛好九點，或是九點十分呢？雖然短短的十分鐘看起來沒什麼大不了，但是美國雪佛龍公司的人事經理斯蒂芬·尼爾森就用這個例子說明，在關鍵時刻，可能僅僅因為這遲到十分鐘的習慣，有些人誤了大事，給公司帶來了無可挽回的損失。優秀的員工會分秒必爭，擔心為公司造成負擔，而一些落後員工則時常態度悠哉，這其實就是每個人自律能力的不同導致的不同後果。

具有很強的自律意識，是優秀員工不可缺少的職業素質。讓自覺成為習慣，培養成有自我管理的特點，勇於承擔責任，拒絕不主動自覺的壞習慣：把已有的壞習慣扔掉，不被新的壞習慣傳染。

在競爭的經濟中，企業沒有休息的時候。同樣地，在競爭激烈的現在，我們也絕不能在工作時放鬆，會經常想找個時間空檔放鬆的人，說到底就是惰性使然，所以我們要學會與自己的惰性戰鬥到底。

戰勝自己是困難的，戰勝敵人一萬次不如戰勝自己一次，跟自己的惰性戰鬥，不能向它妥協，要堅信自己才是最強的對手，你要贏得的是你自己。人與人之間，弱者與強者之間，成功者與失敗者之間最大的差異在於意志的差異。

大多數人在懶惰面前容易繳械投降，這是一場持久戰，但一個人有了堅強的意志，就具備了挑戰自我的素質和內驅力，就能成就一番事業，成為一個佼佼者。

戰勝懶惰，最有利的武器就是毅力。毅力是沉默中一小步一小步的跨越，它是意志力支撐下的持久的行動。

第3節 奉獻精神：樂於奉獻，不比較誰奉獻得多少

「無私奉獻」精神曾經是一個時代的精神象徵，在過去的歲月裡激勵了無數勞動者奮發向上，無私地獻出了自己的青春。然而現今，這種精神似乎已經淡出了人們的生活。

奉獻精神其實並不是一個高不可攀的境界，比如不要推託一些你認為冗長及不重要的工作，也不要因為自己付出多一些就與別人斤斤計較，奉獻是相對的概念，就是要犧牲一定的個人利益來為公司做出有利的事情。像是願意在公司有需要的時候，捨棄與家人團聚或出去旅遊的機會，堅守在一線。一位著名的總裁曾經告誡自己的員工說：「要嘛奉獻，要嘛走人。」

工作上拈輕怕重，只想找輕鬆工作做，卻在報酬上斤斤計較，在態度上消極被動，甚至偷奸耍滑；遇到難事躲著走，能少做就少做；對臨時性的額外工作，更是千方百計推託；這類員工並不少見，可以說每個公司都有他們的存在，而他們最後的結果只能是被清除出

去。

「贈人玫瑰，手有餘香」，要有為企業奉獻的精神，而不是一味講報酬，只知索取不知道回報的員工，既可悲又可憐，只會計較得失，就不可能施展出自己的最大才能。

一份中華英才網的調查報告顯示，身在職場，有31％的受訪者認為應當「主動承擔更多的責任」；25％的受訪者表示應當和同事「同甘共苦」；22.4％的受訪者表示了自己價值觀中，應當以「公司利益為上」的觀點；只有20％的受訪者表示「做好本職工作即可」。

從這份報告可以看出，大多數員工還是有正確的職業價值觀，想要成為一名優秀的員工，應當記得在工作中要保持精神飽滿，時刻記得願意為自己的工作和公司奉獻自己，有了這種飽滿的熱情，才可能在你的職位上有所成就。做事情有決心，而且熱情越強，你離成功就越近。

職業是我們在社會上賴以生存的基礎和保障，我們對自己的工作難道不應抱有一種感恩之心、回報之心嗎？全心全意把熱情貢獻給工作的員工，才會發現自己無可取代的價值。愛因斯坦說得好：「一個人的價值，應當看他貢獻什麼，而不應當看他取得什麼。」你是用這種心態對待你的工作嗎？不求驚天動地般地偉大，但求問心無愧。如果你願意從自己的角度想一想，沒有你現在的工作，你如何成就一番事業呢？而如果你想成就一番事業，不只一個名人說過，把眼前的工作當作自己的事業吧！對待工作有強烈的使命感。

如果把公司當成一個大系統，那每一名員工就像一顆顆螺絲釘一樣，既默默無聞又不可或缺，雖然看起來如此平凡、普通，但哪座大廈、哪部機器能少了一顆螺絲釘呢？相反地，如果這顆螺絲釘不願意發揮作用了，就像生銹了一樣，公司也只能丟棄它換另一顆螺絲釘，這樣才能保證系統的正常運轉。

很多老闆在創業初期，總是像撫養孩子般地付出全部心血和精力，為什麼我們不可以也這樣想呢？把公司當成是個孩子，不學會奉獻怎麼會有它的茁壯成長？有人說過：好員工首先要有時時刻刻為公司奉獻的精神，能給老闆帶來利潤。

俄國的車爾尼雪夫斯基曾經說過：「一個人沒有受到獻身熱情鼓勵的人，永遠也不會做出什麼偉大的事業。」一個人的能力大小、天分高低、悟性好壞，都不是我們自己能決定的，但是願意奉獻多少，卻是你自己可以決定的。有個成語叫「勤能補拙」，也就是一分耕耘就能有一分收穫。再好的資質，不願意奉獻自己的光和熱，沒有受過磨練也難成大器。

優秀員工一定要熱愛工作，追求卓越，以積極的心態對待工作，對待學習，而不是有一點付出就錙銖必較。要注意的是，奉獻精神並不一定是指你要天天加班，為公司忙出病來還要堅守職位。其實，對待分內工作，用心做事，追求卓越，也是一種奉獻精神。

有一個從事煤炭貿易行業的碼頭工作負責人，一絲一毫都不敢鬆懈，害怕因此會造成公司的損失。他主要負責的是收煤、卸煤，這份職位要求他要時刻待命，沒什麼休息時間，整天都得繃緊神經。他從不抱怨，不分晝夜，上游煤船何時到岸，他就即刻出現在碼頭。一年四季，不管是夏季烈日炎炎，颳風下雨，冬季嚴寒，他都沒出過一次差錯。在碼頭上餐風露宿，工作、生活幾乎都在這裡。他的所有時間，所有心思，幾乎都被碼頭的煤炭中轉工作所佔據。這份工作並不簡單，因為他為自己也加了很多工作量，首先把每天到煤場的「煤」存放好、收撿好、管理好，再對煤炭的數量、品種、規格型號、存放場所等做到心中有數，定期進行實物盤點，防止出現任何差錯。

為什麼他會對工作這麼認真呢?因為他心裡清楚，碼頭的交接工作是整個業務流程中甚為關鍵的一個環節，他把確保煤炭保質保量順利進廠做為自己的責任和義務，不讓公司的整體利益受損，也要保持公司在客戶心目中的形象和信譽。

就這樣，他全心全意地工作了三年，盡職盡責，不怕吃苦，不求名利，只是為盡自己的一份力，為公司做出應有的貢獻。這種奉獻精神是所有企業都一貫所推崇的。

有位網友說得好：「工作是奉獻精神的力量泉源；敬業是奉獻的基礎。如果一個人堅守在一個職位上，十年如一日兢兢業業任勞任怨地工作，這應該算是具有了奉獻精神；如果在一定的職位上只做了一些自己應該做和應該完成的本職工作，這也許只給奉獻精神打了一個基礎，不能就此而豪誇海誇其已經有了奉獻精神。」

在公司裡，每一個員工都有自己特定的位置，有自己的分工和職責，每個人都應對此有明確的認識。你有具體地瞭解過如果你的工作沒做好，會對公司產生什麼影響嗎？如果你是前臺招待人員，你卻沒做好工作，服務態度太差，可能讓你所招待的客戶從此對你所在的公司產生很糟糕的印象，而且，他還可能會去和很多他所認識的、熟人朋友的關係網提起，結果蝴蝶效應起作用了，公司因此失去一群潛在客戶。所以，做好自己的工作對公司來說就是一種奉獻精神，如果你十年如一日地堅持下去，那你就可以為自己的奉獻精神而自豪了。

很多人對此還會有一個誤解，認為自己做不做好自己的工作，薪水還是一樣，而公司別的高級員工才能領到豐厚的薪水，那做為一般的員工為什麼要這麼認真呢？當然，我們要清楚，公司裡的具體分工還有輕與重之分。有些人做的工作比起別人來說更舉足輕重一些，他們的收入自然比其他人高一些，但天下沒有白吃的午餐，他們的工作肯定相對要複雜些、辛苦些，他們一定也會承擔比一般員工更高的壓力和風險，公司為他們投資了更多，一旦沒做好，就會受更嚴厲的批評。而如果你只是做一般的工作，不要為收入的懸殊而憤憤不平了，甚至為那些高級員工設置障礙來洩憤，實在是極不明智的行為。如果你自己的工作都做不好，公司又怎會敢把重要的工作交給你呢？工作就是工作，不能情緒化，試著去承擔一些外在的責任，並且為這份責任付出自己的努力吧！你會發現心情會隨之明媚，智慧會隨之增長，你的周圍會聚集更多志同道合的同事，讓你在不知不覺中成為一個優秀團隊的核心。

著名投資專家約翰．坦普爾頓透過大量的觀察研究，得出一個對職場工作者很重要的定律：「多一盎司定律」。他指出，取得突出成就的人，與取得中等成就的人，幾乎做了同樣多的工作，他們所做出的努力差別很小——只是「多一盎司」。一盎司只相當於1/16磅。所以說，優秀和一般相差的可能只是這小小的一盎司，但是，就是這微不足道的一點點區別，卻會讓你的工作大不一樣。不要以為離成功有多遙遠，只要你願意你比別人多做一點點，永遠多做一點點，就可以從眾人中脫穎而出。

現在開始，別再計較誰奉獻得多、誰奉獻得少，如果你想成功，除了努力做好本職工作以外，還要經常去做一些分外的事，因為只有這樣才能時刻保持鬥志，才能在工作中不斷得到鍛鍊和充實自己的機會，對你的成功大有益處。奉獻是所有企業都需要弘揚的精神，而樂於奉獻的人也是所有企業都歡迎的員工。而那種錙銖必較看似精明的小聰明，終有被捨棄取代的一天。

第4節 敬業精神：付出百分百的努力去工作

敬業，就是要敬重自己的工作，你的職業意味著你擁有了一個社會承認的正式身分，可以履行社會的職能。敬業精神是做為職業人的基本操守，在任何環境下，都應該發自內心地對自己的工作高度認真負責，勤勤懇懇，兢兢業業，忠於職守，把敬業當成自己的習慣。

敬業者把自己的事業看得非常神聖，甚至是生命的一部分，敬業與你從事的工作無關，不管你做什麼工作，只要有敬業精神，你就更容易成功。在職場上，能得到自己一份滿意的工作或職位，都不容易，所以必須要時刻保持高度的敬業精神。敬業，就是「幹一行專一行愛一行」的幹勁，是「事業未有窮期，極須進取銳氣」的精神。

不願做額外工作，不是有氣度和有職業精神的表現，也就是不敬業。因為額外工作對公司來說，往往很緊急而且重要，盡心盡力完成它是敬業的良好體現。多做一些分外工作，能使你盡快地從工作中成長起來。據一份「企業員工敬業指數調查報告」顯示：國內企業的員工整體上敬業水準一般，並沒有表現出積極的「敬業精神」，員工的敬業水準有待提高。不同的生活態度對員工敬業的影響較大；是否愛好所從事的工作，及對所在單位前景的認知不同，都對員工的敬業水準產生了很大影響，這方面的結論對企業如何招募、保留人才有一定的借鏡作用。

敬業是崇高而優良的美德。很多世界聞名的大企業如微軟，都把敬業當作是員工必須具備的美德。對可口可樂公司來說，員工的敬業態度一直以來是他們選拔員工的一項重要標準，因為他們堅信：一個優秀的員工，必須兢兢業業地珍惜身邊的每一分鐘來工作，使每一分鐘都發揮出它的價值。所以，一個人要想在工作中做出成績、取得成功，就要具有一種敬業精神，這樣的人是老闆所器重的，而這種敬業精神也會使他最終在事業上有所成就。迪士尼認為敬業精神就是愛自己所做的每一份工作，迪士尼樂園聞名於世界，有很長的一段歷史，並創造了很好的業績。不過，全世界開得最成功、生意最好的卻是日本東京迪士尼。美國加州迪士尼營業了二十五年，參觀人數約有兩億人，而東京的迪士尼，最多一年就有一千七百萬人參觀。日本東京迪士尼公司優於他人之處就是，它擁有一批經過訓練的具有高度敬業精神的員工。海爾企業認為敬業精神能帶你走向成功，豐田公司提倡讓敬業成為一種習慣。

美國石油大亨洛克菲勒以工作敬業著稱，他的老搭檔克拉克曾這樣評價他：「他的有條不紊和細心認真到了極點，如果有一分錢該歸我們公司，他一定要拿回來，如果少給客戶一分錢，他也要給客戶送過去。」

洛克菲對數字極為敏感，他經常自己算帳，以免錢從指縫流走。他曾給一個西部的煉油廠的經理寫了一封信，嚴厲地問他：「為什麼你們提煉一加侖石油要花一分八厘兩毫，而另一個煉油廠卻只要九厘？」類似這樣的指責還有很多。他透過精確的數字來分析公司的經營狀況，即時糾正弊端，進而分毫不差地經營控制著他的石油王國。

洛克菲勒這種對工作嚴謹認真的作風，在年輕時便顯露出來，他告誡世人：「我從十六歲工作時，就開始記收入支出帳，記了一輩子。它是一個人能知道自己是怎樣用掉錢的唯一辦法，也是一個人能事先計畫怎樣用錢的最有效的途徑。如果不這樣做，錢多半會從你的指縫中溜走。」

有條不紊和細心認真，這就是敬業，古往今來成大事者，必備此種素質。

在日本著名的明治保險公司，隸屬於三菱財團這個在世界上數一數二的大公司，其中有個員工叫原一平，在他身上，發生了這樣的故事。

那個時候，三菱財團的最高負責人是串田萬藏，他既是三菱總公司的理事長，也是三菱銀行的總裁，還兼任明治保險公司董事長，由此可見，他在公司裡掌握著很大的權力。

而那時的原一平，只是一個一般的保險推銷員，但他工作積極熱情，也喜歡思考。他想到：「三菱銀行一定要融資或投資許多公司。三菱銀行的總裁串田萬藏先生，也是我們公司（明治保險公司）的董事長。我若能取得串田董事長的介紹信，天啊！」想到這些，他興奮極了。

至於找什麼人的介紹信，他想到了當時一家名叫日清的紡織公司，是由三菱銀行資助的，該公司的總經理名叫宮島清次郎。他想請串田董事長把宮島清次郎先生介紹給他。

於是第二天，他就毫不猶豫地展開了行動。

早晨，他就直奔三菱財團的大本營，即三菱的總公司去拜訪串田董事長。來到富麗堂皇的大公司，他不由得有些緊張。九點整，他被帶進理事長的會客室。

沒想到這麼一等就是兩個小時，本來有些拘謹的他因為無聊，而且工作勞累，不由得打起瞌睡來，不一會兒，他竟窩在沙發裡睡著了。

忽然朦朧間他被人推醒了，迷迷糊糊睜開眼一看，竟然就是串田董事長。

他一下子就驚醒了，畢竟日本的公司等級制度可是非常嚴格的，而串田董事長，本來看到他睡在會客室就有點不悅，而且看他也不是一個很重要的人，看到他醒來就直接大聲問道：「你找我有什麼事？」

原一平嚇得有些結結巴巴地說：「我……我是明治保險公司的原一平。」

串田董事長根本不理，不耐煩地問：「你找我到底有什麼事呢？」

原一平只好直接說明來意：「我要去訪問日清紡織公司的總經理宮島清次郎先生，想請董事長幫助我，給我寫一張介紹信。」

或許串田董事長有點想教訓這個什麼都不懂的渾小子，大聲吼道：「什麼？保險那玩意兒也是可以介紹的嗎？」

沒想到這可激怒了原一平，雖然他只是個一般的員工，但他對自己的工作是抱著最認真的態度，絕不允許任何人侮辱他的工作，於是想也沒想就向前跨了一大步，並大聲罵道：「你這個混帳東西！」

董事長被他咄咄逼人的氣勢震住了，他的地位，可以說沒有人敢用這種態度對他，他本能地往後退了一步。

原一平繼續大聲說：「你剛剛說『保險那玩意兒』了。」

「……」

「你這個老傢伙還是我們公司的董事長呢！我要立刻回公司去，向所有的員工宣布……」

說完之後，原一平怒氣沖沖地奪門而出。他回到公司，向他所在的上級阿部常務董事簡單做了彙報，並向公司提出辭呈。

正在這時，阿部常務董事桌上的電話鈴聲響起。

「原一平嗎？他現在就在這裡。」

原一平猜到了這肯定是串田董事長打來的電話，但他一點也不為自己的所作所為後悔。

沒想到打完電話的阿部常務董事，卻對原一平哈哈大笑地說：「這是串田董事長的電話，他說剛才三菱公司來了一個很厲害的年輕人，嚇了他一大跳。我們的董事長胸襟寬闊，實在太偉大了。」

董事長畢竟是個在商場叱吒風雲多年的人，雖然嚇了一大跳，卻仔細地思量了一下，發現他的話有道理，自省以前對保險有偏見，既然身為明治保險公司的高級主管，卻對保險業務有錯誤的偏見實在是不應該。於是，雖然是星期六，董事長也還是立即召開高級主管緊急會議，要求把三菱關係企業的退休金全部轉投到明治保險，還誇獎原一平是優秀的職員。

從此，串田董事長還為原一平寫所有重要客戶的介紹信，原一平冒犯了最高董事長還能被如此看重，就在於他身上具有寶貴敬業精神。

敬業，要做到立足本職，腳踏實地，從點點滴滴的細節做起。每一個員工都應把做好工作看成是義不容辭的責任，而不是負擔，要認真對待、注重細節，做工作要有意義就要把事情做到盡量完美，而不是只是做到及格就好，應以讓大家認同和滿意的標準來要求自己。看不到細節，或者認為細節不屑一顧的人，對工作缺乏認真的態度，對事情永遠敷衍了事，這種人只是把工作當作一種不得不受的勞役，因而在工作中缺乏工作熱情。他們永遠只能做別人分配給他們的工作，甚至即使這樣也不能把事情做好。

細節決定成敗，而注重細節的人，不僅認真對待工作，不放過任何一個細節，而且能從中找到成功的機會。如果每個人都以實質性的行動要求自己把工作中的每一個細節做到位，這也是一種敬業。請認真地反省一下，看看是否確實有很多事情我們自己沒有做到位，從現在開始，就要積極改變。每個員工也都有其職位職責、品質職責，因此，唯有認真照章辦事、認真履行職責才可能認真做好分內的每一件事。「關注細節」應是一種素質的體現，是其敬業的體現。

公司發展得好，需要每一個員工在其位負其責，做到細節不遺漏、不欺瞞，把敬業、盡職當成自己的使命，公司便會興盛。

敬業使一個人工作愉快，敬業才能樂業。它使人自覺自願地盡心把工作做好，進而獲得成功和喜悅。而樂業的人往往容易成功。在被動情況下，你不可能提高工作品質，也不可能在工作上勤於思考。敬業的人有一種認真的工作態度和不苟的工作作風，勤勤懇懇地把工作做好，把它當作與生命意義密切相關的問題來看待。也正是如此，敬業的人，一輩子都有迷人的風采。

當今許多領導者都清楚地意識到，員工的敬業對一個企業而言有著怎樣的非凡意義和價值。這是企業致勝的精神支柱，是企業無堅不摧的凝聚力，是企業能夠在激烈的競爭中笑傲群雄的堅實根基。

三星的分公司要裁員，裁員名單裡有李先生和楊小姐，公司要求他們一個月後離職。李先生聽到了這個壞消息，回到辦公室就摔杯子、扔文件夾，工作也不再用心，並且開始遲到、早退。他認為，反正遲早要走，那麼認真下去根本沒有意義。

自從裁員名單公布後，楊小姐難過地哭了一晚上，第二天上班也無精打采。可是打開電腦，拉出鍵盤，她的工作態度依然跟以前一樣。她安慰自己：「是福跑不了，是禍躲不過，既然已經如此，還是做好最後一個月吧！」就這樣，她漸漸平靜下來，仍然堅守在職位上。

一個月後，李先生如期被辭退，而楊小姐卻留了下來。主管傳達了老闆的話，像楊小姐這樣敬業的員工，公司永遠都不會嫌多！

敬不敬業的員工是完全不同的，不敬業的員工不會得到提拔和重用，而敬業的員工，其敬業精神牢牢植根於腦海中，工作中會拒絕平庸，追求卓越，並能從中體會到快樂，進而獲得更多的賞識，取得更大的成就。

第5節 忠誠精神：企業利益高於一切

麥當勞的用人準則之一是：對工作有熱情、有責任感和忠誠度。麥當勞認為忠誠是勝於智慧的職業素質，是一個人的安身立命之本。忠誠是一種美德，更是一種能力，是其他所有能力的統帥和標誌，如果一個人缺乏了忠誠，其他能力便失去了用武之地。福特的用人準則裡也有：忠誠、實用、修身、正氣；微軟認為優秀員工必須具備的品德裡第一點就是忠誠；世界五百強排名三十一位的松下電器，其宣導的員工精神裡有忠誠、責任。輝瑞製藥，在世界五百強排名七十七位，公司優秀員工八大標準裡有忠誠、信心、勇氣、關懷。

忠誠是指忠於公司的發展。忠於公司事業的忠誠員工才可靠，他們對自己所在的企業有一種感恩之心。

在動物界中有一種動物很令人感動，那就是感恩圖報的山羊：山羊並不聰明，但牠卻最會感恩圖報。剛出生的小山羊，還沒有睜開眼睛，吃奶的時候就會用虔誠跪著的姿勢來表達自己的感恩之情。你也許會覺得山羊對自己的母親感恩是理所當然的，但是在職場上，人家有義務教你如何工作嗎？人家有必要非要聘用你嗎？你在職場裡學到了經驗，領到了你每個月的薪水，對於這樣一個信任你，並且願意為你提供機會的地方，你不應該感恩嗎？不應該還以忠誠嗎？在美國軍隊裡，對軍人最重要的並不是培養個人作戰能力，而是忠誠。忠誠勝於能力。一支缺乏忠誠的隊伍，無論個人能力多強，也只是一個散漫的隊伍，根本不能為國家效力。

事實上，忠誠是一種陽光心態，學會忠誠的人，在工作中對所有幫助都會心存感激，他的工作必定是快樂的，也是高效率的。企業需要忠誠的員工，因為忠誠是員工盡心盡力、盡職盡責工作的基礎，是企業生存和發展的精神支柱，任何企業都會對此非常看重。

在資訊高速發達的今天，每個企業都非常重視資訊的保密，員工的忠誠更是關係著一個企業的興衰。一個忠誠的員工，總會受到老闆的青睞，進而成為一名優秀的職場人。

曾經有兩個電子公司，比利孚和IR電子公司，但IR電子公司因為公司規模小，經營不善，正面臨赫赫有名的比利孚公司的擠壓，陷入困境中已久。

有一天，比利孚電子公司的技術部經理邀請IR公司員工斯特共進晚餐。在飯桌上，談笑間，這位經理對斯特開出了一個很誘惑人的條件：「只要你把公司裡最新產品的資料交給我，我就會給你一個出乎意料的回報，怎麼樣？」

一向溫和有禮的斯特這次卻馬上發怒了：「你把我看成什麼人了！請你不要這樣侮辱我！我承認我公司是效益不好、處境艱難，但我不是那種出賣自己人格來求榮的人。我是不可能做這種事的，不會答應你這樣卑鄙的要求。」

「對不起。」出人意料的是，這位經理不但沒生氣，反而以欣賞的態度拍拍斯特的肩膀說：「這事當我沒說過。來，乾杯！」

過了一陣時間，市場競爭激烈，而IR公司終因經營不善和大公司的打壓而破產了。斯特不幸地失業了，就在他為自己找工作的事而煩惱的時候，突然接到比利孚公司總裁的電話，讓他去一趟總裁辦公室。

他不明所以，自己並沒有給比利孚公司投申請信啊！當他疑惑地來到比利孚公司，總裁非常熱情地接待了他，並且拿出一張正規而高檔的聘書——他們決定聘請斯特來公司做技術部經理。

斯特嚇了一跳，喃喃地問：「你為什麼這樣相信我？」

總裁微笑著告訴他原因：「原來的技術部經理退休了，他向我說起了那件事並特別推薦了你。年輕人，你的技術水準是出了名的，而你對工作的忠誠更讓我佩服，像你這樣的人，任何一個企業都會歡迎你的。」

這就是忠誠的回報。但如果當時，斯特不夠忠誠，沒有拒絕比利孚公司技術部經理的誘惑，或許會有些小恩小惠拿到手，卻絕不會有今天這樣的好機會降臨的。

在當今這個物慾橫流的時代，忠誠的人才尤其難得，忠誠又兼備才能的人才是每個企業翹首期盼的。不過，如果你只有絕對忠誠的素質，而才能方面有所欠缺，同樣也會受各個企業所歡迎，畢竟能力可以培養，可是忠誠這樣的素質卻難得。但如果你有能力，卻欠缺忠誠，那你就只能被拒於千里之外了。公司最害怕的是缺乏忠誠的人，一旦有而且受到了重用，簡直就像有一顆定時炸彈，可能會為公司帶來不可估量的損失。

我們都知道，個體組成團隊，而在團隊之間，隊員的忠誠度越高，團隊就越堅固，對企業目標也會更認同，因此同心協力，就會具備更強的戰鬥力。

任何一家企業的發展和壯大，都是靠員工的忠誠來維持的，同樣地，一個員工也只有具備了忠誠的素質，才能受到老闆的器重，然後取得事業上的成功。

恩坦因曼思是德國的一位高級工程技術人員，因為失業和國內經濟不景氣，無奈只好不遠千里來到美國，希望在北美這塊熱土上夢想能夠實現。

但現實是殘酷的，他在這裡舉目無親、無依無靠，根本無法立足，只好到處流浪，連個安身之地也沒有，更遑論施展自己的才華。還好上天還是眷顧著他的，他幸運地得到一家小工廠老闆的看重，聘用他擔任生產機器馬達的技術人員。

恩坦因曼思是一個典型的工作極其嚴謹而又富有鑽研精神的人，很快他便掌握了馬達的核心技術，成了一個高級人才。

一九二三年，美國福特公司有一臺馬達壞了，公司所有的工程技術人員都未能修好。正在焦急萬分的時候，有人推薦了恩坦因曼思，沒有別的辦法了，福特公司只能試試看，於是就派人請他過來。

他來了之後，沒有急著做什麼，只是要了一張席子鋪在電機旁，聚精會神地聽了三天，然後又要了梯子，爬上爬下忙了多時，最後在電機的一個部位用粉筆畫了一道線，寫上「這裡的線圈多繞了十六圈」幾個字。福特公司的技術人員按照恩坦因曼思的建議，拆開電機把多餘的十六圈線取走，再開機，電機正常運轉了。

福特公司的總裁福特先生得知後，對這位德國技術員十分欣賞，給了他一萬美元的酬金，然後又親自邀請恩坦因曼思加入福特公司。但是恩坦因曼思拒絕了福特先生的邀請，要知道，福特公司可是世界有名的大公司，在當時的每個人以能進福特公司為榮，而他所在的只是一個名不見經傳的小廠，但他解釋說：他不能離開那家小廠，因為那家工廠的老闆在他最困難的時候幫助了他，是最早賞識他才華的人，他會與小工廠共榮辱的。

福特先生見他斬釘截鐵，覺得遺憾萬分，繼而又感慨不已。恩坦斯因曼先生因為忠誠而放棄了這麼好的一個機會，這樣的人才太難得了。

不久，福特先生做出了一個驚人的決定，收購恩坦因曼思所在的那家小工廠。

董事會的成員都覺得不可思議：這樣一家小工廠怎麼會進入福特先生的視野？收來有何價值，對公司的發展又有何用處？

福特先生說：「人才難得，忠誠更難得，因為那裡有恩坦因曼思。」

有很多精明人一面在為公司工作，一面又在打著個人的小算盤，一旦公司遇到挫折，他們就會另闢蹊徑去追求自己的利益。而另一些人就比較愚笨一些，他們一旦進入某一機構，就會立即投入自己的忠誠和責任心，抱著「一榮俱榮，一損俱損」的心態去工作，將身心徹底融入公司，盡職盡責，處處為公司著想，他們會得到回報嗎？當然，雖然可能需要些時日，但忠誠的人，就能得到忠誠的回報。凱撒大帝曾說過一句話：「我忠誠於我的臣民，因我的臣民忠誠於我。」有句話說得好：「做為一名優秀員工，忠誠於公司，實際上就是忠誠於自己。」

每一個員工，在剛到了一個企業來，就要時刻提醒自己：來到這個企業，你首先不是來領薪水，而是首先來創造價值的。當你在這個企業安安穩穩地做著時，你要知道這份工作提供了你的生存和家人的溫飽等。如果你在工作中太計較得失，會要求越來越多的回報，而忽視了自己創造了什麼價值，也就會忽略了自己要忠誠。也許企業首先不會給你什麼，但如果你給了企業絕對的忠誠，企業一定會回報給你，不管是薪水或是榮譽。忠誠度越高，所創造的價值就越高，相對所獲取的回報也就越高。

忠誠，即使被稱為人才的第一競爭力也不重要。人才的競爭，已經從單純的技能競爭，轉向了品德與技能兩方面的競爭。而在所有品德中，任何企業都把忠誠排在第一位。

一個缺乏忠誠的人，企業不可能放心地雇用，有忠誠的人才可與企業同呼吸共命運。

日本經營之神松下幸之助曾鮮明地提出一句口號：「選用看升國旗會落淚的人。」松下幸之助這樣認為：員工對於公司應該具有國民對國家那樣的熱愛和赤誠。也就是企業與社會、員工與公司的關係，與國民與國家的關係應該是相同的。他說：「公司對社會若沒有服務的觀念，被人看穿以後，就難逃失敗的命運。與其被人看不起而失敗，不如樹立服務社會的經營理念，製造更有價值、更高品質的產品，為改善社會生活而服務。公司的經營者不僅自己要有這種理念，也應該把它傳達給員工，由此，公司的經營者才能達到既定的目標，獲得社會的回報。」

有忠誠品德的人，會打從心底為公司服務，捍衛公司的任何方面的利益，願意為公司的發展而努力，與公司共命運。而擁有忠誠的人也肯定會有回報，比如說你可能會因此受到老闆的青睞與重視，進而成為老闆的重點培養對象，從此順利晉升，得到物質回報。或者分享到公司發展的成果和榮譽，沒有忠誠感的人會有這方面的感受嗎？恐怕不會。你的能力也會隨著企業的發展而不斷成長，在人才市場上更有競爭力。你會面臨著更多展現自己才華、大展前途、提升能力的機會，你的工作會變得精益求精，成為一個更優秀的員工。聽到這麼多潛在的回報，你不心動嗎？誰是忠誠的最大受益者，不就是你自己嗎？

但是，我們要區分清楚，忠誠並不代表對上級和老闆唯唯諾諾，做個凡事只會聽眾命令的機器人。當發現他們的做法不對，甚至會對公司造成損失的情況時，要勇敢地說出來，指證他們的錯誤，這才是真正的忠誠，原一平不也是這樣做的嗎？即使將得罪最高領導人也要怒斥他的錯誤，到頭來，他還會感激你呢！

第6節 合作精神：融入團體，融洽合作才能與企業共同走向成功

團隊是最佳的生存之道，而團隊精神，也是現代企業的永恆主題。一個人的力量是有限的，總會遇到障礙，所以學會與別人有效合作就顯得尤為重要。巧妙地借用別人的力量，以之為力助自己成功，這就需要掌握處理人際關係的技巧。

交流主要透過幾個媒介，首先最主要也最重要的，當然是語言了。用了對的字眼不僅能打動人心，有時甚至能帶動他的行動，有事半功倍的效果。俗話說：「良言一句三冬暖，惡言一句三伏寒。」馬克・吐溫也說：「恰當地用字極具威力，每當我們用對了字眼……我們的精神和肉體都會有很大的轉變，就在電光石火之間。」看歷史上，很多偉大領袖就是會用鼓舞人心的話語，讓更多的人無怨無悔地跟著他行動。當派翠克・亨利慷慨激昂地說「不自由，毋寧死」，當馬丁・路德・金深情地說「我有一個夢想」時，影響了千千萬萬的人去爭取、去努力，這就是語言無窮的魅力。

要想很好地運用語言這個工具，首先記住一點，要多多地真誠讚美你的同事。只要他們哪裡做得好，就上前拍拍肩膀，告訴他：「你很棒！」由此建立起相互尊重、相互信賴的關係。而如果你們在做一個計畫，你就需要說服他，首先要記得要用好的態度，良好的溝通方式是最重要的，千萬不要指示別人要怎樣去做，即使是面對你的下級，也不要顯得太頤指氣使，強迫和壓制並不能產生好的效果。你可以先提建議，然後再問他是否滿意、有沒有什麼問題可以提出來，給予他充分的尊重和自由，這樣的溝通合作是最舒服的，也最容易達成目標。並且要告訴對方，這事他也參與在其中，有他的份，喚起他的責任心。做業務計畫一向頭緒繁多，所以需要建立實施的方案，時刻拿出來探討，直到大家都滿意為止，減少爭論和摩擦。

許多世界五百強的大公司都很注重對員工合作能力的培養，如在諾基亞公司，它的團隊建設活動一直是持續進行的，各個部門都會積極參與。公司會定期舉行團隊建設活動，並具體和每個部門的日常工作、業務緊密相連。

諾基亞在招募之初，除了專業技能的考核外，也非常注重個人在團隊中的表現，將團隊精神做為考核指標的主要項目之一。通常，會用一整天時間來測試一個人在團隊活動中的參與程度與領導能力。

時代華納，世界五百強排名八十三位，他的優秀員工標準：一名員工除了要適應其職位工作的知識技能要求外，還需要具備七項才能要素：其中團隊精神佔了重要位置。強生，世界五百強排名九十二位，它考核員工能力的六個標準中也有：團隊精神和人際交往能力。可口可樂，世界五百強排名兩百三十七位，可口可樂優秀員工的九大標準之一：團隊精神。與單純的學歷相比，百事更注重員工的潛能與素質、團隊協作和發展。海爾認為奇蹟誕生於團隊；微軟也認為天才的唯一取代就是團隊合作。

井深大剛進SONY公司時，SONY還是一個小企業，整個公司只有二十多人，但老闆盛田昭夫顯然不悲觀，有一次在一個關鍵的新產品的研發計畫上，他召來了井深大，並對他充滿信心地說：「我知道你是一個優秀的電子技術專家，我這次把你安排在這個最重要的職位上，自認為用得很好，就像好鋼用在刀刃上一樣，這次由你來全權負責新產品的研發，你要記得發揮出最大的作用，充分地調動其他人來。你這一步非常關鍵，走好了，我們企業也就有希望了。」

井深大聽了驚訝地說：「我？我還很不成熟，雖然我很願意擔此重任，但實在擔心有負重託呀！」井深大深知自己如果接下的話，肩上擔子有多重，他對自己的能力還沒有足夠的信心，那絕對不是靠一個人的力量能應付過來的。

「我們企業進入的是一個新的領域，誰對此不陌生呢？關鍵在於你要和大家聯起手來，發揮出眾人的力量，這才是你的強勢所在！眾人的智慧合起來，還能有什麼困難不能戰勝呢？」盛田昭夫很自信地說。

井深大一下子豁然開朗了：「我真笨啊！怎麼只想到自己？一個人撐不起一片天來，不是還有二十多名員工嗎？為什麼不虛心向他們求教，團結一致，一同奮鬥呢？」

於是，他決定合作起來解決這個問題。首先，他找了市場部的同事一同虛心地探討銷路不暢的問題，市場部的同事告訴他：「磁帶錄放音機之所以不好銷，一是太笨重，一臺大約四十五公斤；二是價錢太貴，每臺售價十六萬日元，一般人很難接受，半年也賣不出一臺。您能不能往輕便和低廉上考慮？」井深大認為建議很好，允以採納。

然後，他又找到資訊部的同事。資訊部的人告訴他：「目前美國已發明了電晶體生產技術，並運用到了具體產品方面，不但大大降低了成本，而且非常輕便。我們建議您在這方面下工夫。」井深大為他同事的創新精神和獨到見解感到高興，「謝謝。我會朝著這方面努力的！」

就這樣，他聯合起眾員工的力量，開始研製新產品了，研製過程中，他又深入到生產第一線中，與所有工人團結合作，眾志成城，一同攻克了一道道難關，於是，SONY在一九五四年試製出日本最早的晶體管收音機，並成功地推向市場。SONY公司迎來了企業發展的新紀元！

現代企業在強調個人素質的同時，更多的時候強調的是團隊精神，要想自己在職業生涯中一帆風順，同樣也要培養好自己與同事、下屬、上司之間和諧的人際關係。要評論你成功與否，很多時候要聽別人的意見，在團隊中，充分發揮出團隊的精神，團隊的力量是無限的。常言說：「一個籬笆三個樁，一個好漢三個幫。」「眾人拾柴火焰高。」要想在職場中取得成功，就必須充分發揮團隊精神，這樣不僅可以成就整個企業，同時也能提升自我。

微軟公司的總裁比爾．蓋茲認為：「在一家具有整體高智商公司裡工作的雇員，如果能夠有效地協作，就會使公司的聰明人彼此發生可能的聯繫。即當這些高智商的人才良好協作時，其能量會衝出一條路；團結、交叉合作的激勵會產生新的思想能量——那些新來的、不太有經驗的雇員，也會因此被帶動到一個更高的水準上，進而實現整體利益的最大化。」

團隊成員之間要合作得愉快，也不是件容易的事情。因為任何人都有負面、消極的感情——憤怒、不安，或嫉妒，所以，不管你做了多少，都要記得沉穩低調。法國哲學家羅西法古說過：「如果你要得到仇人，就表現得比他更優越；如果你要得到朋友，就要讓你的朋友表現得比你優越。」如果你總是吹噓自己有多厲害，那你就會慢慢減少朋友的數量。追求雙贏是最好的，「雙方皆贏」理論是把公司裡你和同事們之間的關係視為一個合作的舞臺，而不是競技場所。

公司所擁有的總資源是有限的，為了提高這些資源的使用效率，必將按照公平和效率，而不是平均的分配方式來進行。否則就會引起部分員工的心理失衡，而心理失衡的員工常常以不合作來發洩內心的不滿，這很不明智，你的團隊需要你，而你自己更需要立足於你的本職工作，不懈地努力。公司不是專屬於哪一個人，而是所有人的公司，有成績也不是你一個人的成績，是大家的成績。所以，即使有時候個人發揮了至關重要的作用，也絕離不開同伴們的共同努力，即使團隊中存在分配不均的情況，也只有靠你的努力工作，優劣

自有評說。

阿龍，無可否認，真的是一個能力非凡的員工，但他最大的缺點就是脾氣暴躁，讓人無法忍受，也因為這樣，他多次失去了升遷的機會。這個缺點就像他身上的頑疾，根本沒辦法治好。在工作中，他雄心勃勃，非常勤奮，努力使自己出色地完成工作。他的能力讓他小有名氣，但他的脾氣卻讓人對他敬而遠之，所以才導致他的地位和收入與他的才能很不相稱。他為此不由得一直耿耿於懷，一想到自己能力很強，而職位一般，就憤憤不平，甚至覺得是奇恥大辱。他也清楚，憑自己的能力是可以升遷高職的，怎麼會落得個屈居別人之下，還要受著一個能力平平的上司領導呢？但現在他的職業生涯其實危險重重，他那暴躁的脾氣阻礙了他的發展，同事和長官都瞭解他，他那暴烈魯莽的脾氣讓與他共事的人覺得非常痛苦。

從這個例子我們可以看出，每個員工都應該要重視合作，只要合作的好，那麼在條件不成熟的時候可以創造條件。每個人都有別人所沒有的優點，在團隊合作中，有幾點是我們都該注意的事：

第一，要學會控制自己的情緒，和同事建立良好的關係，切勿傷了和氣

只有懂得尊重別人，你才能被別人接受。有些員工無法控制住自己的脾氣，只要稍微受點批評或指責，就拍桌而起，甚至大罵對方，這種人永遠不可能在職場上有什麼好的發展。心理學家指出：神經兮兮、容易暴怒其實就體現了人性格的弱點，它源於內心的空虛、盲目、自大和以自我為中心。如果你有這樣的問題，就要學會去控制、改變自己那暴躁的脾氣、乖戾的性格，否則，永遠處在惡性循環裡，控制不了自己的情緒，甚至成為無法掌握自己命運的人。無法自制的人如何還妄想管好別人呢？學會自制，好好掌握住自己的情緒吧！這樣你才能成為一個掌握大局的人。不管是令人難堪的局面，或是遭到挑釁的局面，亦或是一個無計可施的困境局面，總能告訴自己要平心靜氣、坦然面對。畢竟憤怒並不能解決問題，不僅如此，還會讓問題更難處理。遇事時先靜下心來好好反省、思考，最重要的應該是找出解決的方法才對，不是嗎？久而久之，你就能贏得他人尊敬，成為一個傑出的人。

第二，是要學會絕對服從

不會服從的員工是沒有執行力的員工，不會服從的團隊只是一盤散沙，沒有任何戰鬥力。服從是團隊中行動的第一步，一個團隊應該是朝著一個共同目標而努力，所以整個團隊上下應是團結一致、行動一致。「服從第一」的理念應該深深地滲透在你的思想裡，所有團隊運作的前提條件就是服從，有人說過：「不找藉口服從並執行命令的員工，才是最好的員工。」只有每個部門、每個職位的每個員工都把各自的職責盡到，公司才能夠更快、更穩地發展，而個人也會在公司發展中得到發展。這樣的結果不就是每個上進員工想要的嗎?不要用任何藉口來為自己開脫或搪塞，完美的執行是不需要任何藉口的。所以，現在開始，沒有任何藉口，去執行吧！

第7節 務實精神：應揚求真務實之精神

所謂求真務實，「求真」就是「求是」，「務實」則是指在這樣的思想指導下，去實踐，去執行工作。說得通俗點，就是誠實守信，不弄虛作假，不欺上瞞下，做人求真，做事求實的態度。

某家大型醫療器材銷售公司的銷售總監，曾講述過這樣一則真實事例：

一次，他召開了經理級的業務會議。因為他最近聽說了部分職員並未拜訪卻謊稱已完成的現象，於是有些嚴厲地詢問眾人：「我聽說最近有些銷售員聲稱自己完成了客戶拜訪計畫，事實上卻無中生有，是不是真的？」

大家面面相覷，不敢作聲，心裡都想明哲保身，畢竟在職場裡，弄好關係是最重要的，不想為這樣的事情而得罪同事，影響到今後的關係。所以，雖然這是公司員工裡公開的祕密，有些員工不僅謊稱已完成客戶拜訪，還在銷售客戶拜訪表上弄虛作假，但是沒人敢說。

突然，阿輝打破了沉默，勇敢地站了出來：「是的，的確有銷售員謊稱完成了客戶拜訪計畫，並在銷售客戶拜訪表上弄虛作假。像銷售二部的方雲上次聲稱拜訪的顧客，我昨天也去拜訪了，我詢問他最近有本公司的人拜訪過沒有，客戶說根本沒有。」

大家聽後，都為阿輝捏了把汗，也有人在心裡感嘆道：「阿輝，你真傻，方雲可是銷售二部任經理一手提拔的呀！揭她的短不就是揭經理的短嗎？不想混下去了呀？」經理聽到方雲的失職，有些慚愧又有些擔心對己不利，忙替下屬辯解道：「我瞭解方雲的為人，可能只不過是工作紀錄上有些失誤而已。」

銷售總監聽到後，立即把話題引開了，談起別的事來。他其實已瞭解事實，只是想以此驗證一下誰有足夠誠實的品德，現在也不想把事實弄得太複雜，就岔開了話題。但是經過這件事，他認定阿輝是個誠實、務實又會以公司利益為重的人，於是不久，就提拔了他。

阿輝的能力也許不一定最強，但他這種務實的品德和勇氣，卻很少人擁有，所以，他得到了晉升。

不管你在什麼地方工作，求真務實、實事求是，是一種對自己的工作負責的基本態度，也是對自己所在的企業高度負責的態度。這其實也是一種能力，一種比你要擁有的技術更重要的能力。

身為一個現代職場人，為什麼需要這種實事求是、務實的態度工作？說到底，就因為對自己所從事的工作有極強的責任心。不管任何時候，責任感都顯得不可或缺，所以，在職場中，無論你從事的是何種工作，也都必須樹立強烈的責任感，這是一個人品格和責任不可缺少的一部分。如果你擁有了這種責任感，那麼，你就會自然而然地做事時沒有一點馬虎，一是一，二是二，堅持從實際出發，這是你從內心感覺要做的，不是為了獎賞或其他，只是為了對得起自己的工作。

有一位年輕護士剛剛畢業，第一次在大醫院裡任大名鼎鼎的主治醫師護士。做完手術後，醫生取出十一塊紗布準備縫合傷口了，護士提出異議：「醫生，你取出了十一塊紗布，但我們一共用的是十二塊。」

「錯不了，我已經都取出來了，」醫生根本沒理會她的說法，「現在就開始縫合傷口。」

「不行。」護士抗議，「我們用了十二塊，我記得清清楚楚。」

「我會負責的，妳知道我做過多少手術嗎？我說是就是！」外科醫生顯然很不耐煩地厲聲說，「縫合。」

護士卻沒有讓步，她也激烈地喊道：「我不管你是誰，你都不能這麼做，我們要為病人負責！」

醫生這時微微一笑，舉起他的手，原來裡面還藏有一塊紗布，讓護士看了看，這是一個對護士責任心的考驗。他說道：「妳是一位合格的護士。」她的考驗完美過關了。

美國前總統杜魯門把一句座右銘「責任到此，不能再推」做成牌子，放在自己的桌上，求真務實的態度就是一種對工作負責的重要態度。這名負責任的護士將這句名言詮釋得淋漓盡致，也將自己的職業生涯帶入一個良好的開端。每個員工手中，都擁有把握好自己責任的選擇權。

但與此相反的是，世界上有些愚蠢的人整天想的就是怎樣推卸責任。比如，在問題稍有點麻煩後就推三阻四，列舉出一大堆沒辦法完成的理由，而如果事情沒做好的話，就會千方百計地推到別的同事身上，一點也不願照實說話，以為因此就可以推卸掉自己的責任。也許，一時瞞天過海了，但路遙知馬力，日久見人心，長久以後只會讓人更看不起你。

阿剛和阿南是快遞公司的兩名職員，他們負責送貨，是一對好工作搭檔，很有默契，工作一直也很認真賣力。上司對這兩名員工很滿意，沒想到有次卻發生了一件意想不到的事。

那是一次重要的送貨任務，他們兩人運送一件很貴重的古董，由於古董價值不菲，上司對他們千叮嚀萬囑咐，一定要小心護好貨品安全，沒想到天有不測風雲，送貨車開到半路卻壞了。這家公司有明文規定，如果不按規定時間將貨送到，會被扣獎金，兩人想了想，當機立斷，決定立刻趕去送貨。

阿剛力氣大，他背起郵件，一路小跑，終於在規定的時間趕到了碼頭，他們稍稍鬆了口氣，阿南看他背了這麼久，很累，就說：「換我來背吧！你去叫貨主。」於是阿剛把郵件遞給他，但他有點分心，手一滑，郵包掉在了地上，古董就這樣粉碎了。

兩人大驚，阿南急得大喊：「你怎麼搞的！我還沒接你就放手。」

「我看到你伸出手了，就遞過去，是你沒接住。」阿剛辯解道。

他們都知道古董打破意味著什麼，這麼貴重的貨物，很可能讓他們丟了飯碗，而且還要背負沉重的債務。

這次給公司帶來了巨大的損失，老闆氣得狠狠教訓了他們兩個。在等待公司的處分時，阿南打起了小算盤，這次事情鬧得這麼大，公司很可能把我們兩個都炒了，這次主要責任可以說在我，但如果我早點向老闆打小報告，說不定我就會被留下來，債務也會減一些呢！於是，他偷跑到老闆的辦公室裡，「老闆，其實事情經過是這樣的，是阿剛在背古董的時候，不小心把它弄壞了。」老闆沒有什麼表示，只是說：「謝謝你，我知道了。」

老闆後來又把阿剛叫到了辦公室。阿剛原原本本地把事情原委告訴了老闆，然後表示：「這件事是我們的失職，我願意承擔我應負的責任。」他念在與阿南多年的同事情誼，另外也表示願意一併承擔起他的責任。

終於，處分的結果出來了，阿南胸有成竹，覺得他一定不會受到嚴厲的處分。老闆把他們一起叫到了辦公室，對他們說：「公司一直對你們倆很看重，想從你們之中選擇一個人任部門經理，沒想到卻出了這樣一件事，但這樣一件事也讓我看清楚了哪一個人是合適的人選。那就是阿剛。因為，你這份勇於承擔責任的態度，顯示出你是值得信任的員工。但阿南，從明天開始你可以不用來上班了。」

阿南不解又不服氣，問道：「老闆，為什麼會有這麼大的區別？」

「你當時想來欺騙我，但其實，古董的主人已經看見了你們倆在遞接古董時的動作，所以我早已經知道了當時的真實情況。發生完這件事後，你們兩個截然不同的反應告訴了我該這樣做。」老闆最後這樣回答。

阿南缺乏的，就是阿剛所擁有的責任心，發生問題後，阿南想到的是如何推卸責任，還惡劣地把責任推到阿剛身上；而阿剛則不同，他從事實出發，坦然承認自己的過失，並勇於承擔責任，所以他受到了提拔和重用。

工作中求真務實、勇於承擔責任，也是一個職場人的優秀品格。有較強責任感的員工，不僅能夠得到老闆的信任，也為自己的事業在通往成功的道路上奠定了堅實的人格基礎。

達尼爾是IBM公司新招募的筆記型電腦商場銷售員。雖然達尼爾是新人，對公司業務還不是很熟練，但他認真熱情的工作態度，受到了所有人的一致好評。但有一天，達尼爾在銷售筆記型電腦時，一時粗心大意，竟把一臺價值兩千美元的筆記型電腦，以一千美元的價格賣出了。後來達尼爾發現了自己的失誤後，非常著急，但又不知該怎麼辦，這樣的錯誤不算小，很可能會被辭退。

同事對這個年輕人都很有好感，知道了這件事後，紛紛幫達尼爾出謀劃策，有人告訴他，最好的辦法就是直接向那位顧客追回一千美元。當然追款可能會讓很多人知道，上層知道了也會責備下來；不然就是可以暫時吃點虧，自己籌齊一千美元悄悄地入帳，帳上沒問題了，就可以神不知鬼不覺地了結這件事。可是達尼爾覺得這些建議都不妥，他決定直接到經理那裡去承認錯誤。同事聽後大吃一驚：「達尼爾，可是那樣你肯定會被辭退的！」達尼爾仍然堅持說真話，勇敢地去承認了錯誤。結果經理非但沒有開除達尼爾，反而對他務實的態度非常欣賞，竟然又給了達尼爾更大的發展空間。

什麼是責任？就是不管狀況是好是壞，都能做出好的反應。發現錯誤，員工產生恐懼並不奇怪，但切忌不要尋找種種藉口來逃避責任。面對糟糕的情況該怎麼處理，是你自己的事，你應該馬上想想，該怎樣做才能彌補過錯，讓公司的損失降到最低，這就是勇於承擔起自己的責任了。

拒絕責任，就會被自己俘虜。放棄承擔責任權利的人，最後也會失去它。勇於承認自己的不足，才會去改正、去完善，逐步讓自己變得更加優秀。

第8節 高效精神：要確定你的工作方式能讓你有高效率的工作水準

你每天最早到達公司，比別人忙碌，比別人勤快，比別人用更多時間，在工作上廢寢忘食，這樣就能表示你是個優秀的員工嗎？不！最有效率的工作者，才是老闆所最歡迎的。

什麼是效率？最通俗的解釋就是：你和別的員工擁有同樣的時間，但你完成了更多的工作，或者說，完成這一定量的工作比平均值要低，當然這不代表效率是粗製濫造。做為一個員工，培養良好的工作習慣，掌握一些專業、高效率的工作方法，是每一個職場人的必經之路，否則，不進則退，你遲早會被一個個優秀者所趕上超越，而落在了後面。僅僅忙碌、勤快不表示你就是個能幹優秀的員工，更重要的是自問：你做的是怎樣的工作？用了多少時間？是個高效率的員工嗎？

要想做到高效率的工作，那你必須做到以下幾點：

一、要為自己設定一個目標

一個明確的目標，可以指引我們朝著成功的正確方向去努力，目標讓人產生活力，目標也能激發效率，分清輕重緩急。

目標產生高效率，有目標未必能夠成功，但沒有目標的人一定不能成功。任何目標的實現過程是逐步實現的，由小目標到大目標，才能一步步前進。如果你永遠只是想、想、想，不付諸行動，終會一事無成。所以，人要為自己設立明確的目標，以此來鼓勵、鞭策自己行動，夢想才能成真。特別是如果你還設立了具體期限，那每當你看到這些自己親手所訂的目標，都能感覺到一股強大的推動力，你會因此學習到做到高效率要做的第一件事，就是立即行動。

美國有一個所有企業都熱切渴望得到的獎項，就是美國國家品質獎，它象徵著美國企業界的無上榮譽，能贏得此獎的企業，必須是能生產全國最高品質產品的企業。由於是美國所有精英企業都渴望得到的獎項，就像是電影界的奧斯卡一樣，可想而知，競爭此獎項有多激烈。

其中，摩托羅拉公司為了這個全企業的最高目標，從一九八一年就開始了準備。首先，它派了一個偵察小組，為了提高產品品質，分赴世界各地表現最優異的製造機構進行學習，透過這樣嚴格的學習，他們產品的錯誤率降低了90％，但摩托羅拉仍不滿意，因為它知道這離最高國家品質獎還有距離，要想拿到至高無上的獎項，就要永不滿足，於是它設定了新的目標，力求產品合格率達到99.997％。

為此，公司裡所有的員工，都收到一張皮夾大小的卡片，上面標示著公司的目標，要求員工們也以此做為自己的工作目標。公司還製作了一盒錄影帶，解釋為什麼99％的產品無故障仍嫌不足。這盒錄影帶告訴了員工們，即使全國的每個藥劑師都以99％的品質來工作，每年仍會有二十萬份錯誤的醫藥處方，所以，希望員工不要滿足於99％，而應該追求百分百的完美，並努力通過這些嚴格的標準。

一九八八年，六十六家公司開始競奪美國國家品質獎。大部分參賽單位實際上都是一些像IBM、柯達等世界五百強大公司的某一最優秀部門，只有摩托羅拉敢以整個公司為單位參加競賽，因為所有員工抱著同一目標奔跑，擁有絕對信心和實力，最後輕鬆捧走了桂冠。這就是目標的效力，目標創造了高效率，有什麼樣的目標就有什麼樣的人生。

二、要為自己每天的工作製作一個周密的計畫

布利斯定理認為，決策的浪費是最大的浪費。美國行為科學家說過：「做事之前，先用較多的時間做好事前的計畫，那麼，做事的效率就會提高，減少整體時間。」如果你每天願意用較多的時間為一項工作進行事前計畫，做這項工作所用整體時間就會減少。

美國的心理學家曾做過這樣一個實驗：把一些學生分成三組，進行不同方式的投籃技巧訓練。第一組學生在二十天內每天練習實際投籃，記錄下第一天和最後一天的成績。第二組學生二十天內不做練習，但同樣記錄第一天和最後一天的成績。第三組學生記錄下第一天的成績，然後每天在腦中花二十分鐘做想像中的投籃；如果投不中，他們便在想像中重新再投，進行糾正，最後記錄下最後一天實際投籃的成績。結果：第三組是進步最大的。

經由這個實驗我們可以得出結論：如果能在行動前先進行周密的計畫，把每個要注意的細節都整理好，行動時，自然就會得心應手。美國行為科學家艾得．布利斯提出的布利斯定理，告訴我們的就是計畫的重要性。做事前沒有計畫，只顧一頭埋進去魯莽地行動，做起來就不夠順手了，遇到很多煩惱也只能束手無策。但如果事前擬訂好了計畫，就像已經在自己腦裡梳理了一遍，做起來自然會順暢並得心應手許多。所以說：好的計畫是成功的

開始。

善於為自己的工作規劃是一個好習慣。培根也說過：「選擇時間就等於節省時間，而不合乎時宜的舉動則等於在空氣中亂打。」如果不為自己做一個工作的規劃，很容易感到其中的繁雜，讓人沒有頭緒。制訂計畫時，要記得分清什麼是重要、次要，什麼要先處理，要花最大精力處理，使得工作順序有條不紊，不會白白地耗費了時間；有些事很重要但你拖延了的話，就會變得更急迫，然後需要用更多的時間去解決，很容易就造成惡性遁環。而為什麼每天都需要即時的計畫呢？這是因為要遵循一個四十八小時原則，人如果在四十八小時之內沒有採取具體行動，那麼計畫被實踐的機會只有1％。由此可見，事前做一個好的工作規劃是多麼地重要。

三、提醒自己時刻不能鬆懈，時刻給自己壓力

曾經有位科學家做過這樣的實驗：他把一隻青蛙放在沸騰的熱水裡，青蛙立即奮力一躍，逃了出來；之後他又把青蛙丟在冷水裡，然後緩緩加溫，青蛙渾然不覺，還悠然地在裡面游泳，當溫度達到很高的情況時，青蛙想跳出來，也已經無力掙扎了，牠已經失去了能力。這就是著名的溫水煮青蛙故事。

從這個故事中我們可以看到，生物都有其致命弱點，人也不例外，那就是惰性，如果你一直在溫室裡過著舒適的生活，沒有壓力，就會漸漸消磨掉你的意志力，生活渾渾噩噩，沒有目標，你的潛能也因此被永遠埋沒了。可見，能力的發揮是與環境相關的。

相反地，在高壓政策下，人的工作效率就會產生顯著的提高。因為人的潛力是在特殊情況下，才能徹底迸發出來的。

海爾有一個著名的斜坡球體理論：員工的發展猶如斜坡上的圓球，下滑力也就是員工自己的惰性、沒自信、沒有計畫等等，將會造成球體的墮落；而另外一種支撐力則與之對抗，它不僅能保持球體高高在上，還能推動球體往上滾動。

這就是不進則退的道理，很多人對壓力可能都覺得它很討厭，每個人在私下肯定都曾偷偷嘆過氣：「唉，如果公司不要經常用我們的業績進行比較就好了……唉，如果上司不要經常安排這樣艱難的任務就好了，這根本就不是人幹的吧……」但人都是有其劣根性，如果不斷地讓自己處在放鬆的狀態，你的能力很容易就會一直往下滑。苦中自有其營養，適度壓力會對你的工作效率起到不可忽視的積極作用，它會讓你神經緊張，更有熱情地完成工作，沒有壓力也就沒有進取的動力了。所以，笑對壓力吧！

當然，職場壓力過大，又使人反受其害，成為壓力的奴隸，人的生理和心理方面都會受到壓力的入侵，有些員工由於壓力過大而患上失眠、憂鬱等心理疾病，這就是沒有處理好壓力的表現，凡事都該講究「度」，「水能載舟，亦能覆舟」。

壓力也需要人為的管理，用壓力為你工作，同時也要注意放鬆心情，讓壓力保持在你可以承受的範圍之內，才能做好壓力的主人。

所以，你需要時時刻刻告訴自己：任何工作都不能就此滿足，它總有值得改進的地方，上緊你的發條，不斷精益求精，才能不斷提高生產效率的追求。

四、帶著你最大的熱情工作

可口可樂招募員工的首要標準，就是求職者的熱情。他們會從不同方面來考查你對該工作的熱情度多高。你瞭解可口可樂嗎？你對公司從事的行業和產品是否有熱情？你對你的工作有多大的憧憬和熱情呢？其次，才是考核求職者的團隊能力和領導能力。它是絕對不會招募到一個死氣沉沉的員工來工作的。

有人把熱情比喻為是「普羅米修士」火種，的確是這樣。回想你曾經充滿熱情的工作狀態，你就能發現，每天早上起來，都會為自己又要開始一天的工作而開心，日夜在公司裡奮鬥，即使再累，也是很快樂的。當然，這最可能發生是在剛來工作的時候，因為那時工作的一切都很新鮮，所以做什麼事情都是那麼充滿熱情。

不過，熱情並不容易保持。很多人在工作多年熱情早就消失無蹤了，工作熱情哪裡去了呢？這樣無精打采、死氣沈沈的工作狀態，並不是自己想要的。要怎樣讓自己對工作時刻充滿熱情，而重新找回工作帶給你的快樂呢？那就調整好自己的心態吧！把工作當成一種收穫，每天都告訴自己，做完一天的工作，我又獲得了一天的知識，樂觀的心態自然就會感到快樂。但如果你只把工作看待成一件不得不做的差事，或者只是把目光停留在工作本身，情況就會不一樣了，那樣的工作根本不可能會有任何熱情。但熱情卻實實在在是很多一般員工取得成功的一個重要條件。

美國著名棒球運動員傑克．沃特曼憑什麼成為一棵棒球界的長青樹？他一定會這樣回答你：「熱情！」

當他從一支普通球隊退休後，就加入了職業球隊，但沒想到，由於他動作無力，根本不能為球隊做貢獻，球隊的經理便有意請傑克走人。他這樣對傑克說：「傑克，你動作慢吞吞的，一點也不像個是在球場混了二十多年的職業球員。傑克，我就這麼說吧！當你離開這裡之後，無論到哪裡做任何事，若都像這樣提不起精神來，你的一輩子就這樣完了。」

傑克就這樣離開了，然後他參加了亞特蘭大球隊，由原來的月薪一百七十五美元減為二十五美元，薪水這麼少，他更難有熱情了，但他卻突然想通了，要努力試一試。待了大約十天之後，一位名叫丁尼的老隊員把他介紹到羅傑斯曼頓鎮去。

去到羅傑斯曼頓鎮的第一天，決心改變的他表現已截然不同了，他充滿熱情地上場，就好像全身都充足電力一樣，他用了全身的最大力氣，連手麻了也不在乎。有時候，他以強烈的氣勢衝進三壘進攻，他那副拼命的樣子簡直把三壘手嚇得球都漏接了，所以也就攻壘成功了。雖然當時氣溫高達華氏一百度，但他的熱情簡直比氣溫還要高，由於這種熱情帶來了前所未有的效果，連他自己都嚇到了，他的球技也變得出乎意料地好。他的球隊也被帶動起來了，他們無疑取得了勝利。

這場比賽後《德克薩斯時報》說：「那位新加入的球員，無疑是一個霹靂球手，全隊的其他人受到他的影響，都充滿了活力，他們不但贏了，而且是本賽季最精彩的一場比賽。」從那以後，傑克成了一個充滿熱情的球員，他也就自然地月薪由二十五美元提高到一百八十五美元，多了七倍。後來的兩年裡，他一直擔任三壘手，薪水甚至加到當初的三十倍之多。只因為他比從前多了一份熱情。

熱情到底有多重要，這份態度是做任何事的必要條件。那些只知道厭惡自己工作的人，不要說提高工作效率了，他們每天上班只盼著快點下班，別的人看到他們工作狀態都會覺得辛苦，而任何員工，如果有了熱情，就會自覺地充滿熱情和幹勁去工作，當他們的這份熱情感染到上司時，上司也會被感動，願意給他更多機會。

既然熱情這麼重要，那怎樣才能擁有熱情呢？福布斯曾經說過：「工作對我們而言究竟是樂趣，還是枯燥乏味的事情？其實全要看自己怎麼想，而不是看工作本身。」其實每個人的心裡都肯定有隱藏著熱情，那些擁有熱情的人是因為他們心中有對一些東西狂熱的需求，比如說成就感、被認可的感覺等。每個人都渴望被尊敬、被認可，這是人的最高需求，所以，激發出自己的這種狂熱需求感吧！帶有熱情的工作是快樂的，這樣才能把自己的工作狀態調整到最佳。

如果想擁有熱情，就必須要學會在工作中尋找樂趣。不要把工作就看成是工作這樣簡單，那是提供了許多個人成長的機會，其價值之高常讓人意想不到，能夠使你終身受益。不管你現在從事什麼職業，如果能抱著一種積極樂觀的態度對待自己的工作，總會找到工作中的樂趣。

現在有許多的公司都越來越重視有熱情的員工。日本的經營之神松下幸之助就不愛用那些所謂的「一流」人才，因為這種人往往自負甚高，容易抱怨，工作態度不端正，工作中也根本不可能有熱情，他的才能也發揮不出來。而有些能力僅僅及這類人70%的人，能力雖然不夠高，但他們沒有傲氣，肯幹踏實，充滿幹勁，反而能夠為公司盡心盡力。因此，松下對公司雇用到能力只能打七十分的中等人才，就會開心地認為這是「公司的福氣」。松下本人也認為自己並不是能力超群的那類人，只給自己打七十分，但是他的工作態度，是靠熱情把他帶到了成功的位置。

事實上，那些只為薪水而工作的人，最後只能碌碌無為，而充滿熱情地追求「自我實現」的人，激發出了強大而持久的熱情，因而發揮出了自己不可思議的潛能，最終走到了成功。

微軟公司總裁比爾．蓋茲有句名言：「每天早晨醒來，一想到我們所從事的工作和所開發的技術，將會給人類生活帶來的巨大影響和變化，我就會無比興奮和激動。」他也認為，一個優秀的員工最重要的素質，是對工作的熱情，而不是能力、責任或者其他，即使它們也是不可或缺的。他的這種理念成為微軟企業文化的核心。

英代爾公司總裁安德魯．格羅夫回憶起這樣一件趣事：蘋果公司裡有一位研究員很可愛，經常在週末開車出門，每次別人問起他來，總是神祕地說去見「女朋友」。人們看他一臉興奮，不由得都對他的這位「女朋友」好奇起來，一次偶然的機會，格羅夫週末時在辦公室裡看見他工作，好奇地問他：「你不是說去看女朋友嗎？女朋友在哪裡？」他笑著指著電腦說：「就是她呀！」這一位擁有熱情的員工，把工作看成是狂熱的愛情，後來果然有所成就，成為蘋果公司的副總裁，格羅夫最得力的助手。

工作熱情是一種積極向上的情緒，當你全身洋溢著這種情緒時，它就會成為一種力量，最艱深的問題在它面前也顯得微不足道；它也是一種不斷推動你向前進的車輪，還能帶動你周圍的人，讓你所在的團隊成為一個打不敗的團隊。從今天起，積極培養你的熱情吧！

第9節 節約精神：會節約的員工，才能在企業中遊刃有餘

「富有來自節儉」。

「節儉是一種財產」。

當今社會，很多人開始對此嗤之以鼻。其實這道理是恆久不變的，需知積少成多，聚沙成塔。每人節約一滴水、一度電、一張紙，甚至一粒米，得出的數目必定讓人瞠目結舌。

企業總要為自己的浪費買單，所以節約的地位在企業文化中一直提高，現在已成為企業的核心競爭力之一。節約早已不是老闆才去斤斤計較的一筆帳，它和公司的每個員工都有著密切的關聯。

無奈的是，很多人總覺得自己身處一個財雄勢大的公司，每秒幾十萬上下，一點小錢根本不需要放在心上。正是這種錯誤的想法氾濫，才導致最後一敗塗地。很多員工認為，企業是一個大家庭，由於習慣接受集體觀念，大家都覺得浪費一點無所謂，甚至一心追求

奢侈。但是要記住，點點滴滴，聚少成多，最後也是一筆可觀的財富。節儉是一種美德，更是一種資本，成大器的人是不會肆意奢侈的，老闆也不會喜歡那些愛佔公司小便宜的員工。

事實上，在老闆們的眼裡，對企業價值最大的人，是能夠出謀劃策，而且懂得勤儉節約。如果老闆還沒注意到你是個可以出謀劃策的人，何妨先讓他注意到你的另外一點價值呢？這樣，你的生活不但因節儉而變得簡約快樂，還能夠有效增強你的競爭力。當簡樸節儉成了你的良好習慣，老闆會因為你的行為感動，在心裡自然留下美好的印象，相反地，損公肥私這種小聰明的做法，會為你在企業的未來造成非常糟糕的影響，老闆也只會覺得你是個沒有價值的米蟲，不是一個合格的、忠誠於公司的員工。

洛克菲勒年輕的時候，曾在一家石油公司工作。當時的他要學歷沒學歷，要技術也沒技術，被分配做公司裡最簡單、最枯燥的工序——檢查石油罐蓋有沒有自動焊接好。人們嘲笑他在做一個三歲小孩都能完成的工作。洛克菲勒也想調換個工作，但主管不同意。於是，洛克菲勒只好重新回到職位旁，並下決心先把這個不好的工作做好。他沒有滿足現狀，每天都學習與工作相關的知識。後來，他發現當時每焊接好一個罐蓋，焊接劑要滴落39滴，而經過周密計算，結果實際只要38滴焊接劑就可以完成。經過反覆測試、實驗，最後，洛克菲勒終於研製出「38滴型」焊接機，用他發明的焊接機，每個罐蓋比原先節約了一滴焊接劑。就因為這一滴焊接劑，公司一年下來節約了五億美元。年輕的洛克菲勒自此受到賞識，步步高升，為日後的成功奠定了堅實的基礎，直到成為世界聞名的石油大王。

節儉，可以說是一個企業的生存之本和盈利之源，對企業興衰成敗有深遠的影響，所有偉大企業之所以歷久不衰，也少不了這個祕方。這方面的例子是多不勝數的。

美洲航空公司就推崇節儉精神，他們認為：節約一分錢，挖掘一分利；美孚石油公司也把節約看成一種認真的態度；臺塑認為堅持保持節約精神才能做大贏家；松下認為員工幫公司節約的同時，也是為自己謀得福利。比較有趣要數蒙牛了，他們在食堂門口打上了這樣的標語：「如果你打算剩飯，請不要在這裡用餐」。

此外，很多成功的人都是自力更生爬到事業頂峰的，他們成功後仍然保持著這種艱苦樸素的優良品德。比如二〇〇六年度美國《福布斯》全球富豪排行榜上排名第十位的李嘉誠，像他這樣的世界富豪，卻不講究自己穿的衣服、鞋子是什麼品牌，甚至常常是一雙皮靴都穿上好幾年，所以他的皮靴幾乎有一半都是舊的。

再比如「臺塑大王」王永慶，他公司的一位職員曾花了一千美元為他的辦公室更換新地毯，結果這馬屁一拍不爽，惹得王永慶很不高興。

巴菲特，這個被稱為有史以來最偉大的投資家的美國人，就以「簡單、傳統和節儉」為自己的生活準則。他穿舊西裝，用舊錢包，開舊汽車，仍然滿面紅光。

零售業的巨頭，沃爾瑪的創始人薩姆．沃爾頓也是出了名的「吝嗇鬼」。他特別摳門，一生都過著節儉的生活，但正是這樣懂得節儉而又名不見經傳的人，創建了世界上最大的零售企業——沃爾瑪。一九八五年十月，薩姆．沃爾頓登上了《福布斯》雜誌全美富豪排行榜的首位。他和他的沃爾瑪商店都在一夜之間成為全美國公眾關注的焦點。大家都在猜測這個富豪過的是什麼樣的奢華生活？他穿的是什麼名牌？住的是什麼房子？大批的記者也開始擁向薩姆的住所。然而，當他們看到這位美國第一富豪居住的地方時，都不禁大失所望：他穿的居然是一套自己商店出售的普通的廉價衣服，上下班的時候開的只是一輛破舊不堪的小貨運卡車，這破車的車尾後還裝著關獵犬的籠子，帽子也不例外，是一頂平價還打了折的棒球帽，這簡直是個不折不扣的大「鄉巴佬」。但這樣一個「鄉巴佬」，卻造就了一個世界財富的神話。

其實，幾乎所有的企業領袖都會避免浪費，他們時刻都會牢記節儉精神。砍掉一切可以節省的成本，是他們保持企業持續發展的首要任務；精打細算、斤斤計較，是他們的一種普遍特徵。在外行人的眼裡，就是個十分「小氣」的人。很多企業家、投資家常常就是靠著節約這一品德，取得一般人難以企及的成功。

這些大老闆尚且如此看重節儉，那麼，如果你也是一個節儉的員工，很容易就能投其所好。特別是可能還沒有進任職場的你，這可能為你的事業打開一道大門。

梁生是一位年輕的大學畢業生，到一家公司應徵時，一進入面試室就發現地上有一張完好無損的白紙，他彎下腰撿了起來，然後交給主考官。正是這一個小小的舉動，讓他得到了這個工作。之所以能在眾多的應徵者中如願以償，甚至戰勝了很多條件比自己更加優秀的畢業生，原因很簡單，主考官說：「是你的良好習慣幫了你，公司要的就是有這種節儉精神的人。」梁生被公司錄用後，董事長在分配他工作時說：「那張紙是我們給面試的員工設置的一個陷阱，可惜太多人有才無德，只有你這樣做。也只有像你這樣珍惜公司財物的員工——才會給公司創造價值。」

堅持節儉精神只是堅持做一些細節工作，如記得隨手關燈，用公司的筆一定要用完再換新的等等舉手之勞，把企業財產當作自己的財產來珍惜，是一個優秀員工的必備品德。維護公司利益，把公司財產當作自己的財產來珍惜保護，才會造就出強大的企業。

管理學大師彼得．杜拉克說：「企業家就是做兩件事，第一是行銷，第二是削減成本。其他都不要做。」實際上，行銷和削減成本兩件事已包含了企業所有要做的事。

企業的核心競爭力能使企業獲得持續的發展，還能打下穩固的基礎，使企業經得起風浪。如果想在全球經濟化的大潮中、經濟危機的週期性爆發中，都立於不敗之地，最有效也是最關鍵的一點，就是提升企業的核心競爭力。這樣才有可能在日趨激烈的市場競爭中屹立不倒。在這樣一個充滿競爭的時代，節約就像籃球隊贏球必不可少的團隊力量，全民皆兵，就能無往而不利。因此，要提高自己的競爭力，首先要發揚好這種節約的精神，用節約來增強競爭力，使自己在企業中有所作為。

對企業來說，節約是降低成本、提高市場競爭力、提高盈利空間、增強應對能力的一劑特效藥。當然，對我們員工來說，是升職加薪的重要途徑。

第10節 溝通精神：有效溝通才能造就完美結果

麥當勞最注重的員工能力有：溝通能力及團隊協作能力。只有具備溝通能力的員工，才能透過相互信任和坦率的溝通，正視工作中的問題，並解決問題。一個組織的上下級之間、部門之間，靠什麼交流資訊，統一目標，協調行動，靠的就是良好的溝通，如果溝通上遲滯、阻塞了，組織裡就不能正常運行了。

比如上級與下級員工溝通不暢，上情不能下達，即使上級早已將一年的目標、任務確定下來，下級卻不知道自己要做什麼。同事間溝通有問題，就會發生誤會，相互間埋怨對方不夠合作，團隊就會失去原來的凝聚力。只有主動地表達不同看法，才能有效地解決問題。提不出問題，也就無法解決問題，只有當每個人都關注問題時，才能解決問題。

所以，據相關研究證明，團隊管理中70%的錯誤都是由於不善於溝通造成的，可見溝通有多麼重要，一旦溝通出現問題，就會牽一髮而動全身，影響了整個團隊的戰鬥力，被瞬息萬變的市場所淘汰。有人曾說過：工作中問題的根本原因，都在於溝通與交流出現斷層。員工們彼此互相間良好順暢的溝通是良好工作的前提，也是團隊正常運作的重要根基。

做為員工，我們要瞭解，不管你在哪個團隊，都不可能整個團隊由同一類人組成，任何一個團隊裡都是由各種性格類型、不同專長的人才組成的，所以你要懂得與各種人才的交流，與各種人做良性的溝通，畢竟我們與所有公司同仁都有著共同的目標，在團隊中要做到用誠懇的態度，積極聆聽他人意見，準確無誤的語言，一目了然的思路，主動與每一個人溝通，保持言行一致，互相配合，相互支持，這樣積極主動才能做到有效溝通，能夠增強企業的凝聚力。溝通在團體中威力無窮，對我們提高工作效率也是大有裨益的。

為什麼工作努力的成效上司看不到？為什麼下屬不明白自己的良苦用心？這都和你的溝通能力高低有關。溝通能力並不是說你要多麼地能言善道，相反地，有時候，樸實的溝通更有效，因為溝通的目的，只是把自己對某一問題方面上的看法或對某個行動採取的計畫告訴別人，更棒的是他理解、接受了，還幫助你一起落實在行動上，這就是一次成功的溝通。成功的溝通就可以很好地利用到了集體的智慧，說不定還可以為你帶來新的思路。建立了良好的溝通，才能讓每個成員快樂地為達到組織目標而努力。此外，你還應做到言行一致，做到公平公正，對事不對人。

當然，團隊中在每個成員都發表意見，並且也仔細地聆聽了他人的意見後，做出了所有成員都一致同意的決定後，對決定，每一個成員都要遵循並予以支持。否則就會引起混亂，在行動開始後，團隊就不應該再分個人了，應像一個整體，行動一致地去工作。

IBM的擇才標準有四個，即「1I3C」。首先是Integrity（誠信），個人品德永遠是放在第一位的，永遠是最重要的，是否正直、誠實、守信都是公司所要考察的；其次就是Communication（溝通能力），如果善於溝通，那也是一種很有優勢進入的素質；第三，Collaboration（協作能力），良好的團隊合作精神當然也是必不可少的素質；最後則是Concentration（專注精神），IBM相信，擁有長時間的專注精神是未來成功的基石。此外，在IBM，英語熟練程度與員工的事業發展息息相關。

很多大企業都非常重視員工溝通能力的培養，努力營造出一個順暢平等的良好溝通環境。諾基亞就是這樣一個優秀的企業，諾基亞的領導特色首先體現在鼓勵平民化的敞開溝通政策，強調開放溝通、互相尊重，使團隊內每一位成員感覺到自己在公司的重要性。

公司的高層領導人率先身體力行，努力營造企業的平等文化氛圍。日立，世界五百強排名二十三位，他們用人有三個主旨，其中之一是員工不僅在本公司裡交流溝通得良好順暢，還要有跳出自己的圈子，跨階層與各類人接觸和溝通的能力。

諾基亞在組織機構上，上下級沒有森嚴等級，不設置障礙，而是很注重平等性，有問題可以越級溝通。而且還有許多具體制度，來保證下情上達，上下級順暢溝通，對下級的意見很重視。在這方面，諾基亞的具體做法有比如：公司每年都會舉行兩次非常正式的討論，經理和員工會坐下來非常坦誠地討論以前的表現和今後的目標，除了評估員工的表現，也是溝通彼此的途徑。

而且，公司在全球設有一個網站，員工可以匿名發送任何意見，甚至可以直接發給大老闆，下屬的建議只要合理就會被接受。以此來保證上級領導的門永遠是敞開著的，溝通是透明的。既保證溝通的透明度，又保證溝通的有序管理。

在柯達，員工與主管之間的溝通也非常靈活與即時，公司會舉行各種活動來保證即時把握員工的想法，為員工在公司的發展創造一切的條件，透過這樣的良好溝通，員工就可以向自己的上司、同事甚至下屬學到東西。這就是公司所能提供的健全的溝通管道，為溝通的順暢創造了條件。

英代爾則採取開放的溝通模式，公司有一個「一對一面談」制度，即公司與員工之間就工作期望與要求進行溝通。雙方的面談通常透過員工會議的形式進行，要求員工自己來制訂會議議程，還由員工來決定會議議題，給員工充分自由發揮的空間，也利於他對自己今後工作的安排和目標的瞭解。

既然溝通如此重要，那麼我們怎樣努力才能做到善於溝通，而什麼又是良好有效的溝通呢?其實，溝通並不神祕，只是把資訊發送出去，達到彼此交流思想的目的而已，試試朝以下幾個方向努力吧：

1、平時有空就多去專心、耐心、認真地傾聽公司同仁們的心裡想法，學會換位思考，以對方的感受來逐漸調整自己的一些不佳做法。在職場中必須學會傾聽，善於傾聽，有些人總是沒有耐心一直聽人講下去，講一半就會忍不住插嘴或阻止別人講下去，這就阻礙了正常的溝通，結果是得不到真實的資訊。所以，在傾聽中，首先要謹記有耐心地聽下去，即使是與你不同的主張和意見，求同存異，才是雙贏。

另外，在傾聽的時候，應停下你手頭的工作，視線看著他，讓他感受到你在認真聽，否則別人看到你似乎很忙碌，就沒有講下去的欲望，也可能認為你不認真對待你們的溝通。目視對方，認真傾聽，才會取得他們的信任，進而瞭解和理解你的溝通對象，與他們建立和睦的關係。良好的溝通是建立在溝通雙方相互瞭解和理解的基礎之上的。

2、如果認為別人的建議或指令有問題，就要說「不」。雖然要積極地向別人推銷自己的主張，但也不要隨便輕易地就屈從和遷就，特別是面對上級時，有些人雖然看出了錯誤，但想到他可是代表權威，就閉口了。但實際上，如果是他們的失誤，對公司造成損失可能更大，公司需要的不是只會聽指令的機器人，而是也會思考的員工，如果你提出了自己的異議，說明你一直在思考。經過商討，雙方的不同點就能統一，工作也會更順利地進行了，許多精彩的創意就是在碰撞中產生的。真正良好的溝通是既維護了自己的尊嚴和利益，又不忽視對方的利益和尊嚴。當然，這不代表你要一味以自我為中心，只講究自己的利益，那只會讓溝通陷入僵局。如果有些問題對方講得不夠清楚，就提出問題或複述一次向對方確認，比如「如果我沒聽錯的話，你的意思是……對嗎？」心理學指出，所謂的「相互作用分析」，是「我行，你也行」或「我好，你也好」的態度，在公司就應該提倡這種健康的人生態度。

3、溝通要積極主動，不管是你需要資訊或傳遞資訊，而在主動與別人溝通的過程中，切記語言必須簡潔準確，不要囉唆繁雜，講不到重點，時間也是金錢，省去這麼多無謂的鋪陳，直接切入主題，一是一，二是二，不能誇大其詞，拐彎抹角，遇到不懂的事，誠實地說出來，不要怕丟臉，這樣你才能學到更多東西，也免得讓聽的人一頭霧水。

4、在重大的報告中，就需採用一些技巧，如溝通前認真做好準備，對報告的內容、中心、要點都要講得清晰明瞭，不管是什麼報告主題，應圍繞公司的主要問題，談現狀、主要問題、實施方案及預計效果。內容直接，用資料說話，才能提高可信度。

5、學會從多個角度考慮問題，善於寬容和理解別人的過錯。團隊中有共同的組織目標，原諒別人的錯誤才能顯示你的心胸，也會讓別人更欽佩和信任你，為營造和維護良好的合作環境而努力，何樂而不為呢？我們應嘗試從多個角度去思考問題，如此才能辨證地理解他人的行為和思維。

小測驗——你解決問題的能力有多高？

題目：在上班的路上，你看到遠處有一群人在圍觀，好像發生什麼事了，但由於距離較遠，你無法看清楚，你有種不祥預感，直覺這件事會是什麼？

A．交通事故

B．路人打鬥

C．小偷偷東西被抓了

D．發生命案

E．非法集會

F．免費贈送試用品

選「交通事故」

你行為上較為直觀，屬於循規蹈矩類型，遇到問題會根據自己邏輯來處理，但大部分時候，需要別人的幫忙才能更好的解決問題，因此你必須在職場上處理好人際關係，在困難的時候，才有人即時給你幫助喔！

選「路人打鬥」

說明你在職場上經常遇到一些問題或者小人，直接影響你的情緒和工作效率，當問題過於嚴重時，你會採取偏激手法來解決，如與別人起爭執、或者直接辭職，這顯然不是好辦法，當你遇到問題，應該想想問題的根源，想辦法去解決，而不是一味做出不合理的舉動。

選「小偷偷東西被抓了」

選擇這個答案的人，屬於聰明反被聰明誤型，吃不了一點虧，事實上你很精明、很善於觀察，當工作上遇到問題時，你很會把困難推給別人，時間久了，別人會覺得你特別有心計，因此真正發生大問題時，很少人會站在你這邊。

選「發生命案」

你屬於職場上的老好人，遇到什麼問題，都會想辦法去解決，不想麻煩別人，但一個人的力量有限，當遇到過多無法解決的事情時，你可以請教上司或者同事幫助，不需要什麼事情都要往自己身上扛。

選「非法集會」

你善於交際，很會討好人，因此有著良好的人際關係，當工作遇到問題時，會得到別人的幫助，但你過於依賴，本身欠缺實力和競爭力，一旦與別人利益發生衝突時，你往往成為別人的犧牲品，因此你必須加強自己本身的實力，才能在工作中取得更好的成績。

選「免費贈送試用品」

你為人樂觀、開朗，經常抱著僥倖之心，對問題看法過於表面和膚淺，遇到問題通常會採取得過且過的逃避方式。你應該學會正視問題的根源，採取有效方法來解決，逃避只是治標不治本。

後記

寫給「薪薪」人類

我們的人生和我們的工作，都是屬於自己的舞臺，「心有多大，舞臺就有多大」，只能靠自己去把握、去努力，表現出自己最美好的年華，有一天回首過往時，才能無悔青春，無悔年華逝去。

看完這本書後，既然我們已瞭解了決定薪水的其實是你自己，那，你準備好了嗎？你有為自己設定一個目標，然後按照這個目標實施行動，堅持不懈地按照計畫努力嗎？不要再庸庸碌碌、得過且過了，快行動吧！一步步地朝著你的目標前進，你將會看到你的遠景、你的未來。若你沒有做到這些，克服不了自己的弱點，拿不定主意往哪個方向，那你註定在職場上一事無成的。

不管你是職場新人，還是打拼已久的上班族，只要下定決心抓牢時間，都可以成功。有這樣一個故事：一個生活平庸的人帶著對命運的疑問去拜訪禪師，他問禪師：「您說真的有命運嗎？」「有的。」禪師回答。「是不是我命中註定窮困一生呢？」他問。禪師就讓他伸出他的左手指給他看說：「你看清楚了嗎？這條橫線叫做愛情線，這條斜線叫做事業線，另外一條豎線就是生命線。」然後禪師又讓他跟自己做一個動作，他手慢慢地握起來，握得緊緊的。禪師問：「你說這幾根線在哪裡？」那人迷惑地說：「在我的手裡啊！」「命運呢？」那人終於恍然大悟，原來命運掌握在自己的手中。命運是緊緊掌握在自己手中的。

滴水能穿石，您每一天的努力，即使只是一個小動作，只要持之以恆，都將是明日成功的基礎。從今天起，別遲疑了，開始行動吧！遇到挫折又怎樣？有哪個成功者是踏著一路陽光走過來的？起點低又如何，蝸牛也能爬上金字塔的最高點。重要的是從現在開始努力，一步一步地向上攀登，你會看到人生不同的風景，達到屬於你自己的輝煌時刻。

國家圖書館出版品預行編目資料

天啊！我把薪水變多了／高紹軒編著.
－－第一版－－ 臺北市：老樹創意出版；
紅螞蟻圖書發行， 2010.12
面　　公分－－(New Century；40
ISBN 978-986-6297-22-9（平裝）

1.職場成功法

494.35　　　　　99022481

New Century 40

天啊！我把薪水變多了

編　　著／高紹軒
美術構成／Chris' office
校　　對／楊安妮、鍾佳穎、周英嬌
發 行 人／賴秀珍
榮譽總監／張錦基
總 編 輯／何南輝
出　　版／老樹創意出版中心
發　　行／紅螞蟻圖書有限公司
地　　址／台北市內湖區舊宗路二段121巷28號4F
網　　站／www.e-redant.com
郵撥帳號／1604621-1　紅螞蟻圖書有限公司
電　　話／(02)2795-3656（代表號）
傳　　真／(02)2795-4100
登 記 證／局版北市業字第796號
港澳總經銷／和平圖書有限公司
地　　址／香港柴灣嘉業街12號百樂門大廈17F
電　　話／(852)2804-6687
法律顧問／許晏賓律師
印 刷 廠／鴻運彩色印刷有限公司
出版日期／2010年 12 月　第一版第一刷

定價 270 元　港幣 90 元

ISBN 978-986-6297-22-9　　Printed in Taiwan